Manuel de l'Utilisateur Echo Studio

Le guide complet de l'utilisateur d'Amazon Echo Studio

Paul O. Garten

Manuel de l'Utilisateur Echo Studio

Le guide complet de l'utilisateur d'Amazon Echo Studio

Paul O. Garten

Copyright © Décembre 2019

Tous droits réservés.

Ce livre ou des parties de celui-ci ne peuvent être reproduits sous quelque forme que ce soit, stockés dans un système de récupération, ou transmis sous quelque forme que ce soit par quelque moyen que ce soit : photocopie, électronique, enregistrement, mécanique ou autre, sans l'autorisation écrite de l'auteur.

Contenu

Introduction 1
   Ouverture du paquet 2
   Spécifications 2
   Caractéristiques étonnantes d'Amazon Echo Studio 7

1 Configuration d'Echo Studio 9
   Prise en main de l'application Alexa : Mobile ou ordinateur 9
   Les icônes de l'écran d'accueil d'Alexa 11
   Comprendre l'état de l'anneau lumineux Echo Studio 12
   Liaison de votre application Alexa avec votre Echo Studio 18
   Réveiller l'Echo Studio 20
   Modification du mot de réveil 20
   Modification du nom de votre Echo et d'un autre appareil domotique 22
   Comment recalibrer l'Echo Studio 23
   Réglage de l'emplacement 25
   Réglages du son 26
   Ne pas déranger 26
   Réglage d'Alexa en mode chuchotement 27
   Suppression d'enregistrements vocaux de l'historique Alexa 28

2 Profilage Amazon 30
   Configuration de votre profil utilisateur 30
   Comment supprimer un profil vocal 33
   Définition d'un profil de ménage 33
   Comment supprimer un profil de ménage 37

3 Choses à essayer immédiatement avec votre Echo Studio 38
   Mise en route 38
   Commandes sonores de base 39
   Heure et date 40
   Bluetooth et Wi-Fi 41
   Des livres 41
   Commandes de lecture 42
   Communication 42
   Appels et Messagerie 43
   Abandonner 43
   Annonces 43
   Dons 44
   Amusement avec Alexa 44

4 Construire une maison intelligente et relier vos appareils à Alexa 46

Liaison de votre haut-parleur Bluetooth/système stéréo Home avec votre Echo Studio.................47

Liaison de vos appareils domotiques intelligents avec Echo Studio via Zigbee Hub 50

Liaison de vos appareils à Alexa à l'aide de la découverte guidée 51

Liaison de vos appareils à Alexa à l'aide des compétences de la maison intelligente..................51

Comment créer un groupe de maisons intelligentes 54

Comment supprimer ou modifier un groupe de maisons intelligentes 56

Comment créer une scène 58

Dépannage des connexions maison intelligente .. 59

Phrases d'invocation de maison intelligente........ 60

    Lumières 60

    Bouchons 61

    Thermostat 61

    Serrure de porte...61

    Micro-Onde 62

    Ventilateur.. 62

Appariement de plusieurs haut-parleurs intelligents Echo pour un son stéréo 63

5 Compétences Alexa 64

Comment accéder aux compétences Alexa et les activer.. 64

Comment désactiver une compétence 67

Alexa BluePrint : Comment créer des compétences personnalisées pour Amazon Alexa 67

Comment trouver les meilleures compétences Alexa 69

6 Routines Alexa 71

Routines Alexa avec les appareils Amazon Echo ... 71

Création d'une routine avec une phrase (voix) 73

Création d'une routine à l'heure et à la journée planifiées 75

Ajout d'appareils domotiques à la routine 76

Ajouter de la musique à une routine 77

Avoir Alexa dire quelque chose dans une routine 78

7 Communications Alexa 79

Comment envoyer un message court (SMS) 80

Comment faire des appels vidéo ou audio avec Amazon Alexa 83

La fonction Drop In 84

Comment associer votre compte Skype à Alexa pour passer et recevoir des appels Skype 86

Comment faire une annonce avec Alexa 88

Comment lier votre e-mail à Amazon Alexa 90

8 Alexa Divertissements 92

Contrôles de base pour la musique 92

Ma bibliothèque musicale/ Musique Amazon 93

Musique Amazon : Prime et Illimité 94

Tidal 99

iHeartRadio 100

Spotify 102

Pandora 103

SiriusXM 105

TuneIn 106

Deezer 108

Musique Apple 109

Configuration de votre service de musique par défaut 109

Musique multi-pièces avec l'appareil Amazon Echo 110

9 Vos livres et Alexa 114

Audible 114

Kindle 116

10 Relier votre Echo Studio à votre téléviseur 118

11 Prouesses de productivité Alexa 119

Comment définir une minuterie 120

Comment définir un rappel 121

Comment définir une alarme 122

Liaison de votre calendrier à Alexa 123

Création et gestion de votre liste de choses à faire 125

13 Achats vocaux avec Amazon Alexa 128
Configuration d'un code de confirmation pour vos achats 129
Commande plus d'un article du même produit ou de chacun des articles différents 130
Protéger vos achats vocaux 132

14 Nouvelles et informations avec Alexa 134
Informations sur les lieux à proximité : Entreprises et restaurants 134
Orthographe et calculs par Alexa 135
Alexa peut aider à cuisiner 136
Météo et circulation 136
Comment traduire des langues en utilisant Alexa 137
Questions et réponses avec Alexa 138

15 Faites-le vous-même avec Alexa 140

16 Surveillance de votre maison avec Alexa Guard 141

17 Méditation consciente avec Alexa 143

Introduction

Allô ! Merci pour votre achat de ce guide. Ce manuel d'utilisation est écrit pour comprendre et utiliser Amazon Echo Studio. Il est écrit pour vous aider à configurer et gérer votre Echo Studio au quotidien. Amazon Echo Studio est un haut-parleur haut de gamme avec un son de haute qualité. Nous examinerons ses caractéristiques sous peu.

Alors que votre Echo Studio peut être d'un côté, Alexa doit être de l'autre. Alexa est l'assistant virtuel qui alimente les appareils Amazon Echo. Alexa reste dans le Cloud Amazon et est constamment mis à jour pour mieux vous servir. C'est le cœur de tous les appareils intelligents Amazon. Une fois que ces deux sont mariés ensemble, vous pouvez alors commencer à profiter de tout ce que l'enceinte intelligente a à offrir. Vous pouvez demander à Alexa de garder votre maison pendant votre absence, de lire vos livres, de vous informer de la météo, de vous informer des faits aléatoires ou d'acheter auprès d'Amazon si vous avez un abonnement Amazon Prime. Alexa peut faire beaucoup plus.

Ce livre promet d'être intéressant. Il est écrit et arrangé chronologiquement pour couvrir tout ce que l'Amazon Alexa peut offrir via Echo Studio. Préparez-vous à être ravi.

Ouverture du paquet

L'Echo Studio a été dévoilé par Amazon en septembre 2019, prenant le look de l'Echo Plus. Comme l'Echo Plus, l'Echo Studio est également livré avec le hub d'accueil Zigbee pour faciliter la connexion de vos appareils intelligents utilisant le protocole Zigbee. Le paquet est livré avec l'enceinte intelligente Echo Studio, un câble d'alimentation et un guide de démarrage rapide.

Spécifications

- **Taille :** 8,1 pouces de hauteur x 6,9 pouces de profondeur de base.

- **Poids :** 7,7 livres (3,5 kilogrammes).

- **Microphones :** 7 microphones.

- **Finitions :** tissu anthracite.

- **Wi-Fi :** protocole 802.11 a/b/g/n (2,4 & 5 GHz) ; il ne peut pas se connecter à un réseau Wi-Fi peer-to-peer.

- **Processeur :** Intel Atom.

- **Audio :** trois haut-parleurs de milieu de gamme de 2 pouces, un tweeter de 1 pouce et un woofer de 5,25 pouces.

- **Bluetooth :** protocole A2DP ; ne peut pas se connecter aux haut-parleurs Bluetooth qui demandent des codes PIN.

- **Garantie :** Un an (limitée).

Vous trouverez plus de détails techniques ci-dessous :

Avant

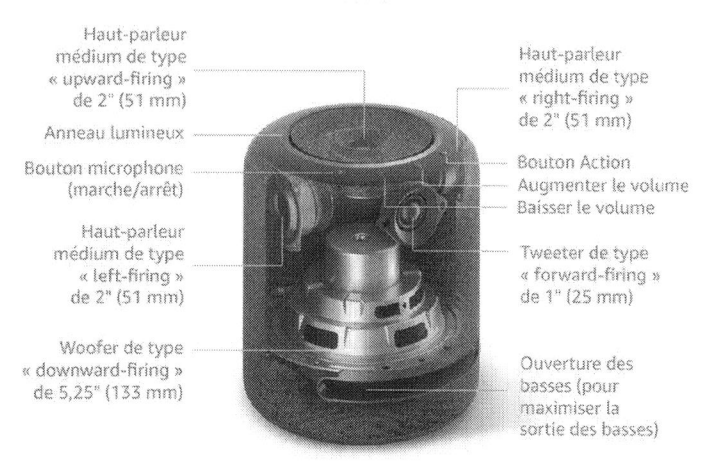

- Haut-parleur médium de type « upward-firing » de 2" (51 mm)
- Anneau lumineux
- Bouton microphone (marche/arrêt)
- Haut-parleur médium de type « left-firing » de 2" (51 mm)
- Woofer de type « downward-firing » de 5,25" (133 mm)
- Haut-parleur médium de type « right-firing » de 2" (51 mm)
- Bouton Action
- Augmenter le volume
- Baisser le volume
- Tweeter de type « forward-firing » de 1" (25 mm)
- Ouverture des basses (pour maximiser la sortie des basses)

Arrière

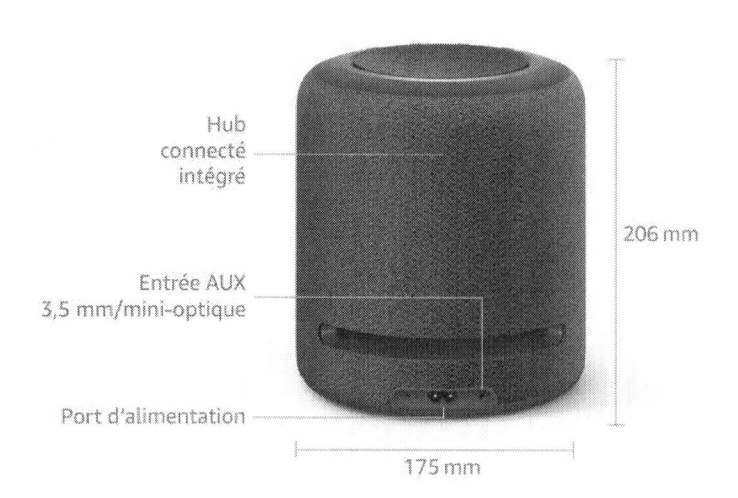

- Hub connecté intégré
- Entrée AUX 3,5 mm/mini-optique
- Port d'alimentation
- 206 mm
- 175 mm

4

Maintenant, regardons de près les boutons de l'appareil et d'autres caractéristiques physiques. Il y a quatre boutons principaux ici : le bouton d'action, le microphone allumé/éteint, le volume vers le haut et vers le bas, puis nous avons l'anneau lumineux.

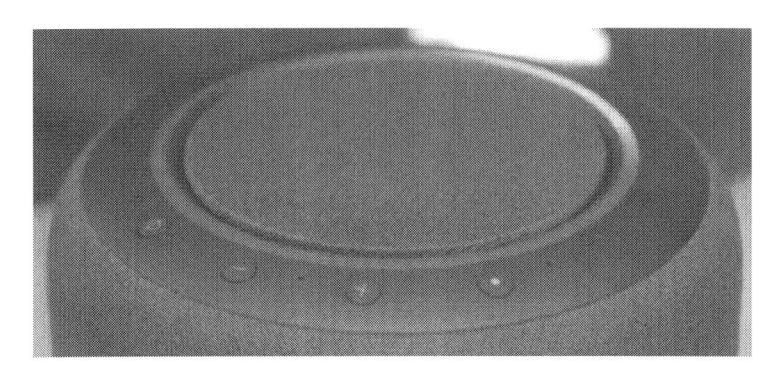

Bouton d'action : Il s'agit du bouton avec un point. Vous pouvez utiliser le bouton d'action pour réveiller Alexa au lieu d'utiliser votre voix, désactiver l'alarme et les minuteries.

Bouton marche/arrêt du microphone : le bouton du microphone reste à une extrémité du bouton d'action. Comme son nom l'indique, la fonction du bouton du microphone est d'allumer ou d'éteindre les microphones de l'appareil de telle sorte que si une commande vocale est envoyée, Alexa ne peut pas l'entendre ou la traiter. Cependant, avec la télécommande vocale Alexa, vous pouvez toujours envoyer des demandes à Alexa. Le package Echo Studio n'est pas livré avec la télécommande Alexa Voice.

Bouton de volume vers le haut et vers le bas : les deux boutons situés au milieu contrôlent le volume de l'appareil. Appuyez sur le bouton plus (+) pour augmenter le volume tout en appuyant sur le bouton moins (-) pour diminuer le volume. En utilisant votre voix, dites, « Alexa, plus fort » ou « Alexa, abaissez le volume. »

Prise d'alimentation et audio : derrière l'appareil se trouve un port d'alimentation et un port audio de 3,5 mm pour les connexions stéréo.

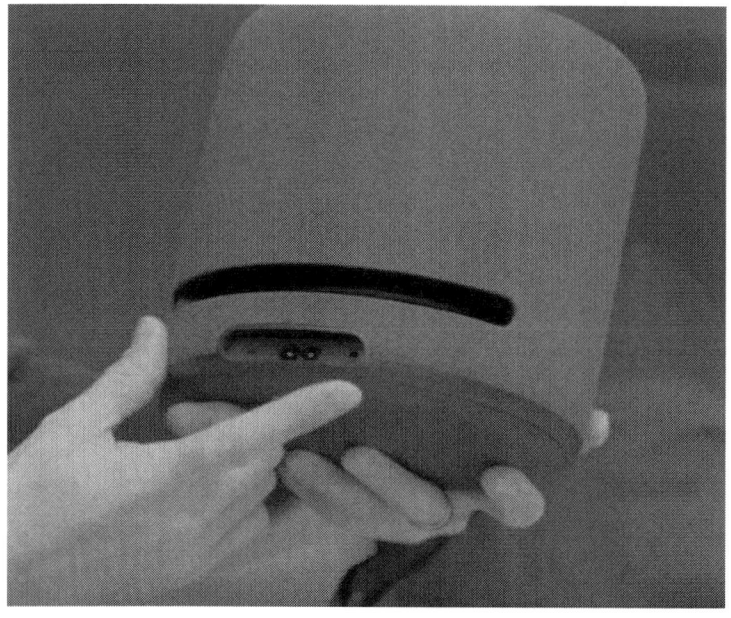

Caractéristiques étonnantes d'Amazon Echo Studio

- Son de haute fidélité.

- Il analyse l'acoustique de la pièce et s'adapte automatiquement à elle.

- Il dispose de cinq haut-parleurs positionnés stratégiquement pour remplir vos oreilles par magie de son.

- L'enceinte Echo Studio crée un paysage sonore tridimensionnel immersif dans la nature.

- Le haut-parleur intelligent Echo Studio est également livré avec une technologie audio Dolby Atmos qui crée une expérience audio multidimensionnelle avec clarté, espace et profondeur.

- Soyez ravis avec un format audio tridimensionnel maîtrisé.

- Il peut facilement être associé à un Echo Sub pour une qualité sonore plus riche.

- Il est construit en gardant votre vie privée à l'esprit.

1 Configuration d'Echo Studio

Dans ce chapitre, nous allons voir comment vous pouvez configurer votre Echo Studio et partir. Commençons tout de suite.

Prise en main de l'application Alexa : Mobile ou ordinateur

Pour commencer avec votre Echo Studio, rendez-vous sur Amazon App Store avec votre Android, tablette Fire ou appareil mobile iOS, recherchez « application Alexa », puis téléchargez l'application sur votre appareil mobile. L'application Alexa nécessite que votre tablette Fire fonctionne au moins sur le système d'exploitation mobile FireOS 3.0 alors que votre appareil Android doit fonctionner sous Android 5.0 ou version ultérieure et que votre mobile Apple fonctionne sur iOS 9.0 ou système d'exploitation mobile supérieur.

Connectez-vous à l'application Alexa avec vos informations de connexion Amazon. Vos informations de connexion doivent être identiques à celles que vous avez utilisées pour acheter le haut-parleur intelligent. Vous pouvez également accéder à l'application mobile Alexa via **alexa.amazon.fr** sur votre ordinateur une fois qu'elle est installée sur votre téléphone.

Les icônes de l'écran d'accueil d'Alexa

Il y a cinq boutons principaux sur l'écran d'accueil de l'application Alexa.

Appuyez sur pour revenir à l'écran d'accueil.

Appuyez sur pour accéder à l'écran de communication.

Appuyez sur Alexa pour parler.

Appuyez sur pour accéder à Livres et musique.

Appuyez sur pour accéder à Périphériques.

Comprendre l'état de l'anneau lumineux Echo Studio

L'anneau lumineux vous communique le mode de votre Echo Studio.

[1] L'appareil est en mode veille et attend votre demande lorsque toutes les lumières s'éteignent.

[2] L'Echo Studio démarre lorsqu'une lumière bleue solide s'affiche avec une lumière cyan tournante, comme indiqué ci-dessous.

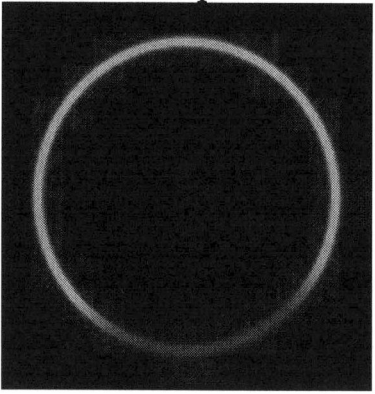

[3] L'appareil traite votre demande lorsqu'une couleur bleue unie s'affiche alors qu'une couleur cyan reste et pointe vers la direction de quelqu'un qui parle à Alexa comme indiqué ci-dessous.

[4] Lorsqu'une couleur bleue unie alterne avec le cyan, Echo Studio répond à une demande.

[5] Une lumière de couleur orange qui tourne dans le sens des aiguilles d'une montre montre que l'Echo Studio se connecte à Internet via votre réseau Wi-Fi, comme illustré ci-dessous.

[6] Lorsque les microphones sont éteints, le dispositif Echo affiche une lumière rouge solide. Vous pouvez toujours allumer les microphones en appuyant sur le bouton du **microphone**. Voir l'illustration ci-dessous.

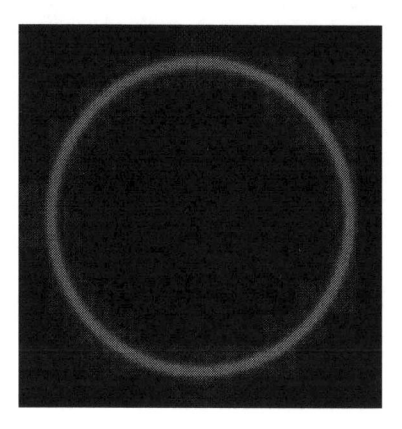

[7] Un voyant jaune pulsant indique que vous avez un message ou une notification. Vous

pouvez y accéder en disant : « Alexa, quels messages ai-je ? » ou « Alexa, quelles notifications ai-je ? »

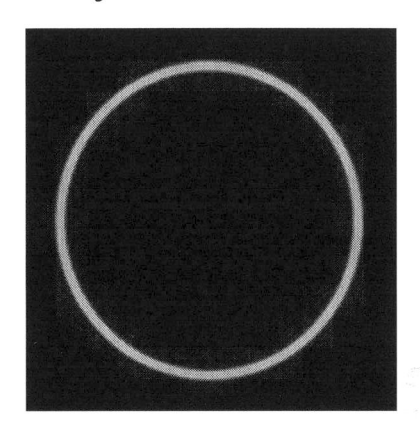

[8] Un voyant de couleur vert pulsé montre une action Drop In, ou cela signifie que vous recevez un appel.

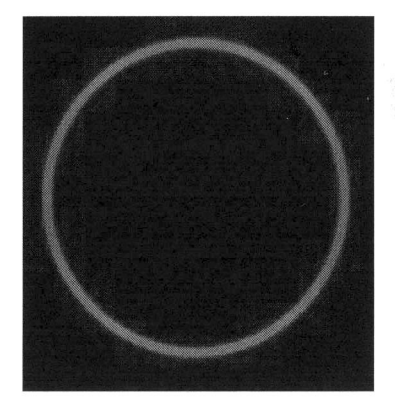

[9] Lorsqu'une lumière de couleur verte tourne dans le sens des aiguilles d'une montre, cela signifie que le point d'écho passe un appel, ou que vous êtes en train de tomber sur l'appareil d'une autre personne.

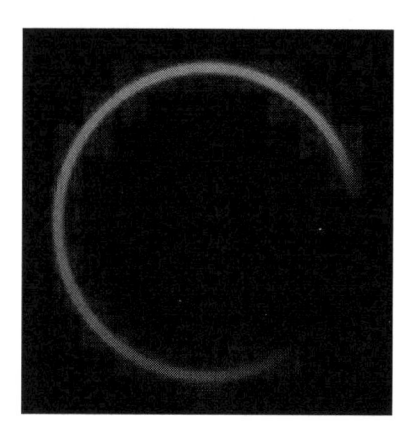

[10] L'action de réglage du volume montre une lumière blanche sur l'appareil.

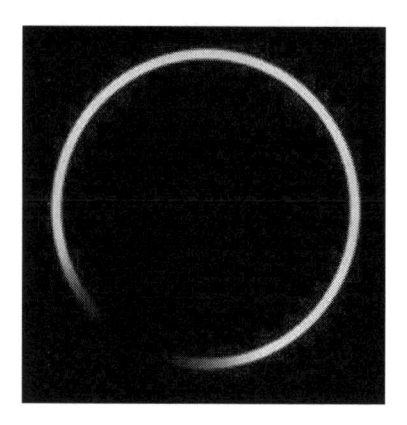

[11] Lors de la configuration du Wi-Fi, une lumière de couleur violette continue indique qu'une erreur s'est produite. Répétez le processus.

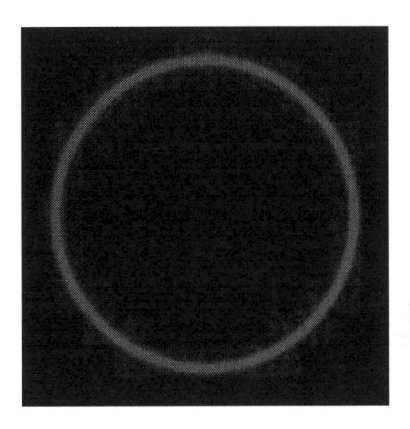

[12] Un flash lumineux violet après avoir interagi avec Alexa montre que la fonction Ne pas déranger est activée.

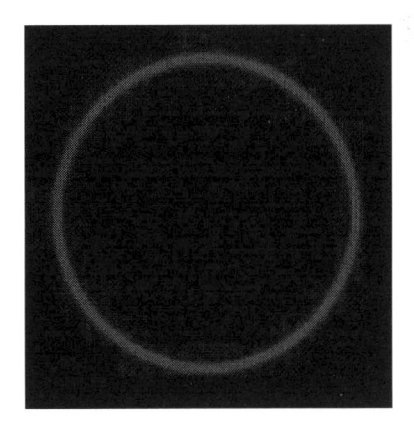

Liaison de votre application Alexa avec votre Echo Studio

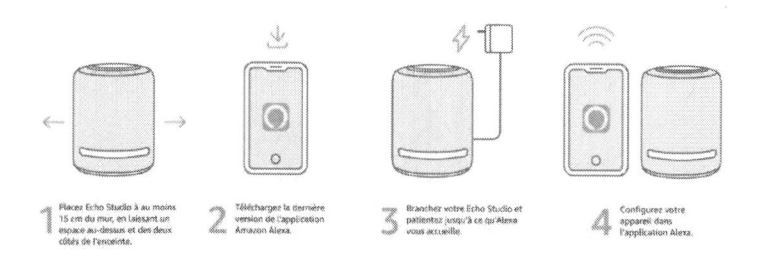

| 1 | Placez Echo Studio à au moins 15 cm du mur, en laissant un espace au-dessus et des deux côtés de l'enceinte. | 2 | Téléchargez la dernière version de l'application Amazon Alexa. | 3 | Branchez votre Echo Studio et patientez jusqu'à ce qu'Alexa vous accueille. | 4 | Configurez votre appareil dans l'application Alexa. |

Pour commencer l'installation, assurez-vous que votre Echo Studio est branché à la prise de courant et qu'il est à au moins 6 pouces du mur.

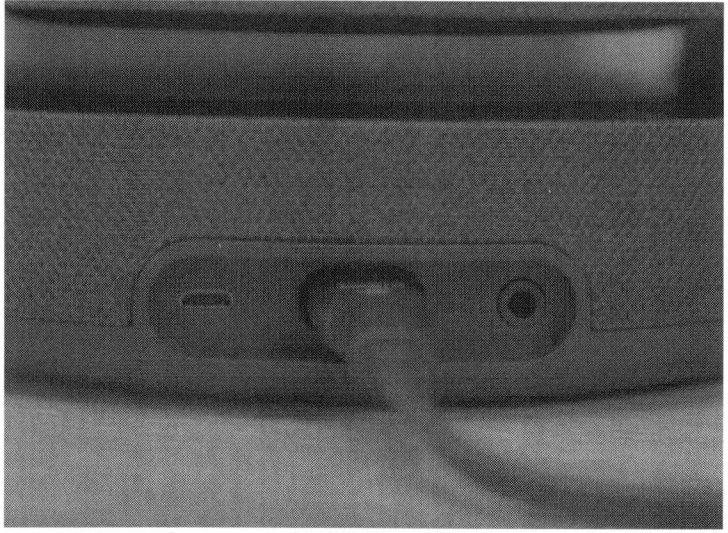

Ensuite, lancez l'application mobile Alexa depuis votre téléphone. Appuyez sur le **menu**

☰, puis sur **Ajouter un appareil**. Comme il s'agit d'un appareil Amazon Echo, appuyez sur **Amazon Echo**. Faites défiler la page vers le bas et, enfin, appuyez sur **Echo Studio**.

Un anneau lumineux orange devrait tourner autour de votre Echo Studio en ce moment. Pour continuer, appuyez sur **Oui**. À partir des appareils affichés, sélectionnez votre **Echo Studio**. Sur l'écran suivant, sélectionnez un réseau Wi-Fi sécurisé que vous connaissez ou possédez. Si vous ne trouvez pas votre réseau, appuyez sur **Re-numériser** en bas de l'écran pour numériser à nouveau le réseau Wi-Fi disponible à portée de main. Si vous vous êtes connecté à Amazon via ce Wi-Fi à l'aide de votre application Alexa et que vous avez ensuite autorisé Amazon à stocker votre mot de passe, vous n'aurez pas à entrer de mot de passe pour le réseau Wi-Fi sélectionné, sinon vous devrez fournir votre mot de passe Wi-Fi. Peu de temps, votre Amazon Echo Studio est connecté à Alexa. Pour continuer à personnaliser votre appareil, appuyez sur **Continuer**.

De là, vous pouvez rapidement placer votre Echo Studio dans un groupe. Sélectionnez le groupe qui correspond le mieux à votre Echo

Studio dans la liste. Faites défiler la page vers le bas pour en savoir plus, puis appuyez sur **Continuer**. Appuyez à nouveau sur **Continuer**. Pour en savoir plus sur Alexa Groups, consultez le chapitre 4.

Réveiller l'Echo Studio

Appelez-la par son nom par défaut - Alexa et elle répondra. Le voyant LED de couleur bleue sur l'Echo Sub indique qu'Alexa écoute votre commande. Vous pouvez commencer à essayer quelques commandes comme : « Alexa, comment allez-vous » ou « Alexa, quel est le temps aujourd'hui ? »

Modification du mot de réveil

Le mot de réveil par défaut de l'appareil Amazon Echo est défini sur « Alexa ». Une fois que vous appelez cela, Alexa est alerté et attend la prochaine commande. Juste peut-être que vous avez un autre appareil Echo portant le nom, « Alexa », vous devrez peut-être donner un autre nom à votre nouvel appareil Echo car si vous laissez les deux à porter Alexa créterait un conflit. Vous pouvez le changer pour autre chose : Amazon, Echo ou Ordinateur.

Sur la page d'accueil de l'application Alexa, appuyez sur **Appareils** et sélectionnez l'appareil Echo que vous souhaitez renommer. Accédez à **Mot de réveil** et appuyez dessus. Choisissez Amazon, Ordinateur ou Écho dans la liste et appuyez sur **Enregistrer** pour enregistrer votre nouveau Mot de réveil. Notez que le système devrait être mis à jour pour que le nouveau mot de réveil prenne effet. Pendant ce temps, votre appareil intelligent Amazon Alexa ne peut pas recevoir ou traiter les commandes.

D'un autre côté, vous pouvez initier le processus en disant : « Alexa, change mon mot de réveil. »

Modification du nom de votre Echo et d'un autre appareil domotique

Par défaut, votre appareil est configuré avec votre premier nom et votre nom de produit, par exemple Echo Studio de Garten. Allez-y et passez à un nom préféré dans l'application Alexa via **Appareils** > **Echo & Alexa**. Appuyez sur le nom de votre appareil, puis sur **Modifier**. Enfin, appuyez sur **Enregistrer** lorsque vous avez terminé. Vous pouvez choisir de le modifier pour représenter l'endroit où il est utilisé, par exemple dans le salon Echo Studio. Cela fonctionne mieux si vous avez plus d'un appareil Echo dans votre maison.

Pour renommer votre appareil intelligent, appuyez sur l'icône **Menu** et sélectionnez **Maison intelligente**. Dans la liste, appuyez sur l'appareil intelligent que vous souhaitez renommer, puis sur l'icône représentant des points de suspension , puis sur **Modifier le nom**. Appuyez sur **Fini** pour enregistrer le nouveau nom de votre appareil. Cependant, notez que vous ne renommez l'appareil que pour Alexa. Il est conseillé de renommer également l'appareil à partir de son application compagnon (le cas échéant).

Pour désactiver un périphérique

Activez le bouton **Activé** pour le désactiver. Lorsqu'il est activé, le bouton se déplace vers la gauche.

Comment recalibrer l'Echo Studio

Parfois, vous pouvez configurer Echo Studio dans un endroit et après cette configuration initiale, vous avez besoin de le déplacer dans une autre pièce. Mais l'appareil avait déjà étalonné ou analysé son emplacement initial. Le problème est qu'il peut ne pas recalibrer automatiquement son nouvel emplacement. Qu'est-ce que tu fais ? Réinitialisez !

Pour effectuer une réinitialisation d'usine d'Echo Studio :

1. Appuyez sur le bouton Action et maintenez-le un peu plus longtemps (plus de 25 secondes) jusqu'à ce que l'anneau lumineux soit orange, puis éteint.

2. Peu de temps, l'anneau lumineux devient bleu puis orange, en réentrant le mode de configuration.

3. Suivez et configurez à nouveau votre appareil.

4. Enfin, l'Echo Studio analyse l'acoustique du nouvel emplacement.

Réglage de l'emplacement

Certains services dépendent en grande partie de la connaissance de votre emplacement pour répondre aux demandes spécifiques à l'emplacement, par exemple les informations météorologiques et la circulation. Définissez votre ZIP, adresse de rue, etc. dans les paramètres de localisation.

Pour modifier votre emplacement dans l'application Alexa, appuyez sur l'icône **Appareils** sur la page d'accueil, sélectionnez votre appareil Echo et appuyez sur **Emplacement de l'appareil**. Saisissez votre adresse et enfin, appuyez sur **Enregistrer**.

Remarque : (1) Si plusieurs appareils Echo sont connectés à votre compte, vous devrez mettre à jour leur emplacement l'un après l'autre. (2) Utilisez le même emplacement stocké dans votre compte en ligne Amazon.

Réglages du son

Est-ce que votre alarme Echo Studio semble trop silencieuse ? Tu peux arranger ça. Dans l'application Alexa, appuyez sur **Appareils** depuis la page d'accueil et sélectionnez votre **Echo Studio**. Pour modifier le son par défaut, accédez à **Sons et notifications**. Vous pouvez aussi configurer Alexa pour qu'il joue un son tout en écoutant votre commande et une autre quand elle a fini de traiter la commande. Ceci est particulièrement nécessaire si vous avez votre Echo Studio placé hors de vue où il n'est pas possible de voir le voyant d'état répondant à vos commandes vocales.

Ne pas déranger

La fonction Ne pas déranger peut désactiver Alexa à une heure précise ou planifiée de la journée pour empêcher les appels, messages, annonces et dépôts à l'exception des alarmes et des minuteries. Cependant, cela ne peut être réglé qu'une fois par jour et à la même heure pour les autres jours de la semaine jusqu'à ce que vous planifiez une nouvelle heure. Pour définir le paramètre Ne pas déranger, appuyez sur l'icône **Appareils** dans l'application mobile Alexa et choisissez votre appareil, puis activez Ne pas déranger en **le basant** sur Activé [de sorte que le point reste à droite] et créez également votre **planning** pour cela. Appuyez sur **Démarrer** pour définir l'heure de début et **Fin** pour définir l'heure de fin.

Réglage d'Alexa en mode chuchotement

Comme son nom l'indique, le mode chuchotement vous permet de chuchoter à Alexa pendant qu'elle vous chuchote afin qu'aucun d'entre vous ne dérange les autres membres de la famille s'ils dormaient. Pour activer/désactiver le mode chuchotement, dites simplement : « Alexa, activez [activation/désactivez] le mode chuchotement. »

Note : Chaque fois que vous voyez une expression telle que on/off, het/bas, etc. utilisée dans la commande ci-dessus, choisissez simplement une option à la fois et ne lisez pas la même littéralement à Alexa. Si tu le fais, Alexa deviendra confuse.

Suppression d'enregistrements vocaux de l'historique Alexa

Parfois, l'Amazon Echo se déclenche par inadvertance et commence à enregistrer des sons à sa portée compte tenu de ses microphones pointus. Vous ne savez peut-être pas que vous avez des enregistrements dans l'histoire d'Alexa. Cela peut ne pas vraiment être un facteur, mais si vous pensez que l'appareil doit avoir enregistré des informations sensibles, il devient quelque chose à craindre.

Pour être en sécurité, vous pouvez choisir d'effacer votre historique Alexa. Pour commencer, accédez à **Paramètres** de votre application Alexa et appuyez sur **Compte Alexa** puis **Historique**. Dans l'historique, vous pouvez voir tous vos enregistrements enregistrés. Allez-y et supprimez-les l'un après l'autre. Cependant, pour tout supprimer en même temps, connectez-vous à votre compte Amazon et accédez à **Contenu et**

appareils. Cliquez sur **Vos appareils** et sélectionnez **l'appareil Alexa** que vous souhaitez effacer tous les enregistrements, puis **Gérer les enregistrements vocaux**, choisissez l'option pour tout effacer.

2 Profilage Amazon

Configuration de votre profil utilisateur

Lorsqu'un profil vocal est créé, Alexa peut facilement reconnaître qui est en conversation avec elle et, par conséquent, peut rendre une expérience personnalisée en termes d'appels et de messagerie ou d'achats vocaux. Une expérience personnalisée signifie qu'Alexa commencera à traiter avec vous comme vous et non comme n'importe quelle autre personne. Pensez à la façon dont vous allez traiter avec un ami et un étranger ! C'est ça. Dans le premier, vous êtes libre de dire ou de faire quoi que ce soit dans le second ; vous êtes réservé et ne pouvez pas répondre à toutes les questions posées par l'étranger. C'est l'essence même de la mise en place d'un profil vocal, afin qu'Alexa puisse traiter avec vous en tant qu'ami et non avec quelqu'un d'autre.

Pour commencer, lancez l'application Alexa, appuyez sur l'icône **Menu** et allez dans **Paramètres** > **Comptes**, puis appuyez sur

Votre voix. Commencez le processus de faire d'Alexa apprendre votre voix. Vous pouvez également lancer ce processus avec une commande vocale : « Alexa, [apprendre/former] ma voix. »

Si vous utilisez l'application mobile pour créer un profil vocal, appuyez sur le **menu déroulant** affichera les appareils que vous possédez. Sélectionnez un périphérique et démarrez le processus. En ce moment, il est important que vous éteignez les microphones (« Alexa, éteignez les microphones sur [Nom du périphérique Echo] ») des autres appareils Echo dans la maison (le cas échéant) pendant que vous vous concentrez avec celui sélectionné. Puisque ce processus est effectué à l'aide de l'application Alexa, vous n'aurez peut-être pas besoin de le répéter avec d'autres appareils Echo que vous pourriez avoir dans votre maison, car ils sont tous connectés à la même application Alexa. Ils ramèneront automatiquement.

Une fois le processus initié, Alexa vous guidera tout au long de la formation avec des invites vocales. Dites-les à haute voix avec votre voix naturelle, et à partir d'une position, vous pouvez vous asseoir ou vous lever pour envoyer des demandes. Ne vous approchez pas trop de votre appareil Echo. Encore une fois, essayez de réduire le bruit de fond autant que possible et gardez votre appareil Echo loin des murs (disons 10 pouces). Si vous manquez une invite et qu'Alexa ne l'obtient pas correctement, appuyez à nouveau sur **Réessayer**. Enfin, appuyez sur **Terminer** pour terminer le processus.

Pour créer plus de profils vocaux avec le même Echo, les nouveaux utilisateurs doivent télécharger l'application Alexa dans leur téléphone mobile et se connecter au compte Amazon qui héberge l'appareil Echo, puis lancer le processus à partir de leur application mobile Alexa. Encore une fois, l'essence de ceci est d'avoir une expérience personnalisée avec Alexa, comme des séances d'information, des appels et des messages à partir de listes de contacts, etc.

De temps en temps, demandez à Alexa qui vous êtes avant de faire la demande de vous assurer qu'elle écoute et traite les commandes de la bonne personne. Si elle a tort sur qui parle, dites-lui d'arrêter ou d'annuler afin que vous n'accédiez pas au contenu d'une autre personne. Comme vous continuez à utiliser Alexa, il maîtrise votre voix encore plus.

Comment supprimer un profil vocal

Dans l'application Alexa, accédez à **Paramètres > Compte Alexa > Voix reconnues > Votre voix > Supprimer ma voix.** Notez que la suppression d'un profil Voice signifie que vous ne bénéficiez plus d'une expérience personnalisée avec Alexa.

Définition d'un profil de ménage

Un profil de ménage vous permet de partager du contenu (p. ex. livres audio, calendriers, musique, etc.), de gérer les fonctions de compte (p. ex. listes de tâches, liste de courses, etc.) et d'accéder au contenu personnalisé (p. ex. trafic, nouvelles). Alors que les comptes adultes peuvent être ajoutés directement via l'application, les comptes enfants ne peuvent être ajoutés que via **FreeTime.**

Pour créer un **profil familial**, ouvrez votre application Alexa, sélectionnez **Menu** ▤ et accédez à **Paramètres** → **Compte Alexa** → **Famille Amazon.** Commencez le processus en appuyant sur **Démarrer** pour ajouter un membre de famille. Alexa vous invite à **passer votre appareil** à la personne qui souhaite rejoindre votre foyer afin qu'elle puisse se connecter à son compte. S'ils ne sont pas disponibles, vous pouvez obtenir leur nom d'utilisateur et leur mot de passe pour terminer le processus en leur nom, puis leur demander de **rejoindre le ménage** et enfin, le **ménage est créé.**

La nouvelle personne ajoutée doit terminer le processus en se connectant à l'application Alexa. Vous pouvez vous déconnecter et les autoriser à se connecter avec leurs informations à l'aide de votre appareil pour terminer le processus.

Pour ajouter un compte enfant, vous devez passer par FreeTime. Dans l'application Alexa et dans le **menu** ▤, accédez à **Paramètres**, puis appuyez sur l'appareil Echo destiné à commencer. Trouvez **FreeTime** sous

Général. Dans **Paramètres FreeTime,** basculez sur **Activer. Configurez Amazon FreeTime** en activant les fonctionnalités souhaitées en les basant, puis appuyez sur **Continuer** lorsque vous avez terminé.

Gérez le profil de votre enfant sur le tableau de bord des parents à l'aide du lien : Emmenez-moi au tableau de bord des parents. Dans le Tableau de bord des parents, vous pouvez surveiller les activités de votre enfant et ajuster les fonctionnalités auxquelles l'enfant peut accéder.

Pour basculer entre les comptes, dites : « Alexa, changez de compte [nom du compte] ». La nouvelle personne prend en charge Alexa. Bien que cela ne fonctionne que pour un compte adulte ; pour passer au compte d'un enfant, la fonction FreeTime doit être activée et désactivée lorsque vous revenez à un compte adulte. Reportez-vous à la section Paramètres FreeTime pour l'activer ou le désactiver. Une fois que FreeTime est désactivé, le compte passe à l'adulte précédent qui a utilisé l'appareil. Vous pouvez toujours savoir quel compte vous utilisez en disant : « Alexa, à qui est ce compte ? »

Vous pouvez également accéder à amazon.fr et vous connecter à votre compte. Placez votre souris sur Comptes et listes et sélectionnez Votre compte. Sous Programmes d'achat et locations, cliquez sur Amazon Ménages. Sur la page suivante, cliquez sur Ajouter un adulte et fournissez les informations nécessaires sur le membre adulte. Vous pouvez également choisir d'ajouter un adolescent ou d'ajouter un enfant. Généralement, vous pouvez ajouter jusqu'à 2 adultes, 4 adolescents et 4 profils enfants.

Avis important :

[1] Un deuxième adulte ajouté à votre foyer Amazon peut effectivement utiliser votre mode de paiement pour acheter sur Amazon et afficher vos photos Prime.

[2] Étant donné que vous partagerez éventuellement votre profil Amazon, il est

conseillé de créer un code de confirmation pour vos achats vocaux.

Pour basculer entre les profils, dites simplement, « Alexa, changez de compte. »

Pour vérifier le profil de l'utilisateur, demandez : « Alexa, quel compte suis-je utilisé ? »

Comment supprimer un profil de ménage

Accédez à Amazon ménage dans l'application mobile Alexa et sélectionnez **Supprimer** dans le profil de l'utilisateur. Si c'est vous, appuyez sur **Laisser**.

3 Choses à essayer immédiatement avec votre Echo Studio

Commencez avec Alexa dès maintenant sans avoir à passer par beaucoup de détails.

Mise en route

« Alexa, ça va ? »

« Alexa, bonne nuit. »

« Alexa, dis-moi une blague. »

« Alexa, chante une chanson pour moi. »

« Alexa, on peut jouer à un jeu ? »

« Alexa, que s'est-il passé ce jour dans l'histoire ? »

« Alexa, pouvez-vous recommander où acheter une crème glacée ? »

« Alexa, écoutez la dernière musique Amazon. »

« Alexa, tu trouveras des livres gratuits sur Audible ? »

« Alexa, définit la physique ? »

« Alexa, traduisez 'comment êtes-vous' en anglais ? »

« Alexa, allons faire du shopping »

« Alexa, qu'est-ce que j'ai sur mon calendrier aujourd'hui ? »

« Alexa, fixe un compte à rebours pour 30 minutes. »

« Alexa, que puis-je préparer pour le dîner ? »

« Alexa, ajoute un rappel sur le fait d'aller à une réunion avant 13h jeudi. »

« Alexa, convertissez 200 euros en dollars. »
« Alexa, parle-moi du temps à Paris. »

Commandes sonores de base

« Alexa, volume. »

« Alexa, plus bas. »

« Alexa, monte le volume. »

« Alexa, volume 5. »

Heure et date

« Alexa, quelle est l'heure »

« Alexa, quel est le rendez-vous d'aujourd'hui ? »

« Alexa, quand est ma prochaine alarme ? »
« Alexa, annule mon alarme pour 16h. »

« Alexa, arrêter l'alarme»

« Alexa, quand est [nom de fête/date notable] cette année ? »

Wake Word, profils utilisateur et comptes

« Alexa, comment puis-je changer le mot de réveil ? »

« Alexa, tous mes appareils Echo peuvent-ils porter le même nom ? »

« Alexa, changez de compte. »

« Alexa, quel profil d'utilisateur est-ce ? »

Bluetooth et Wi-Fi

« Alexa, paire. »

« Alexa, Bluetooth. »

« Alexa, connecte mon téléphone. »

« Alexa, connectez-vous au Wi-Fi ? »

Des livres

Livres audio

« Alexa, lis mes livres audio. »

« Alexa, trouve des livres gratuits sur Audible. »

« Alexa, lire « Éduqué » de Audible. »

« Alexa, arrête de lire dans 20 minutes. »

« Alexa, inscrivez-vous à Audible. »

« Alexa, qu'est-ce qui est populaire sur Audible cette semaine ? »

Livres Kindle

« Alexa, lis mes livres électroniques. »

« Alexa, lisez « Devenir » depuis Kindle. »

Commandes de lecture

« Alexa, chapitre suivant. »

« Alexa, pause. »

« Alexa, chapitre précédent. »

« Alexa, avance. »

« Alexa, redémarre le livre. »

« Alexa, arrête de lire dans 10 minutes. »

« Alexa, redémarrez le chapitre. »

« Alexa, reprends. »

Communication

Commandes de base

« Alexa, réponds. »

« Alexa, raccroche. »

« Alexa, allume « Ne pas déranger ». »

Appels et Messagerie

« Alexa, appelle Allen. »
« Alexa, appelle le portable de maman. »
« Alexa, envoie un message à Paul. »
« Alexa, lis mes messages. »

Abandonner

« Alexa, descend. »
« Alexa, passe dans la chambre d'enfant. »

Annonces

« Alexa, annonce que nous devons partir maintenant. »

« Alexa, diffusé que tout le monde devrait venir dîner. »

« Alexa, annonce que je suis chez moi. »

Dons

« Alexa, donnez. »

« Alexa, donnez 200$ à Médecins Sans Frontières. »

Amusement avec Alexa

Chansons :

« Alexa, chante-moi une chanson. »
« Alexa, chante une chanson de culte. »
« Alexa, chante une chanson d'hiver. »
« Alexa, chante une chanson d'amour. »
« Alexa, rap pour moi. »
« Alexa, chante pour moi l'hymne national de la France. »
« Alexa, chante une chanson des années 80. »
« Alexa, chante une chanson chrétienne. »
« Alexa, chante pour mon bébé. »

« Alexa, chante pour ma grand-mère. »

« Alexa, chante un hymne. »

« Alexa, chante 'Grande est ta fidélité. ' »

4 Construire une maison intelligente et relier vos appareils à Alexa

Construire une maison intelligente consiste à lier vos appareils intelligents avec Amazon Alexa afin qu'elle puisse les contrôler à chaque fois que vous lui demandez de le faire. Les appareils peuvent être connectés à Alexa et contrôlés individuellement ou en groupe à l'aide d'une seule commande vocale en créant un groupe de maison intelligente.

En dehors de vos appareils Amazon Echo, vous pouvez également connecter vos autres appareils intelligents à Alexa et lui demander de les contrôler lorsque vous lui demandez de le faire à l'aide de votre voix. Notez que pour une communication transparente entre vos appareils intelligents compatibles Alexa avec l'application mobile Alexa, il est fortement recommandé de connecter tous ces appareils à l'aide du même réseau Wi-Fi.

Encore une fois, lorsque vous passez une commande pour un appareil intelligent avec l'intention de le jumeler à Amazon Alexa, assurez-vous qu'un tel appareil est certifié par Amazon pour être compatible avec Alexa. Suivez le lien ici pour parcourir les recommandations Amazon à cet égard : https://amzn.to/2R8WK7J.

Liaison de votre haut-parleur Bluetooth/système stéréo Home avec votre Echo Studio

Le jumelage de votre enceinte Bluetooth signifie que vous avez connecté votre appareil Echo à Alexa avant cette date et donc que vous liez un haut-parleur Bluetooth au périphérique Echo. La connexion d'un haut-parleur intelligent à votre appareil Echo est particulièrement importante si vous souhaitez améliorer la qualité sonore de votre haut-parleur Echo et, par conséquent, connecter un haut-parleur externe à celui-ci via Bluetooth ou à l'aide d'un câble audio.

Pour coupler un haut-parleur Bluetooth, éloignez-le de 3 à 5 pieds de votre Echo Studio et accordez-le pour qu'il soit en mode de jumelage. Ensuite, accédez à l'application mobile Alexa et appuyez sur **Menu**, dans **Paramètres**, sélectionnez votre Echo Studio, puis **Bluetooth**. Autoriser la numérisation à être terminée, puis choisir votre haut-parleur Bluetooth et enfin, vous avez terminé la configuration de votre haut-parleur.

Pour connecter votre Echo Studio à votre système stéréo domestique, utilisez une sortie audio de 3,5 mm pour connecter les deux ensemble. Vous pouvez également connecter votre casque filaire à votre appareil Echo en branchant l'entrée casque 3,5 mm à la sortie audio de votre Echo Dot (voir la prise audio derrière l'appareil).

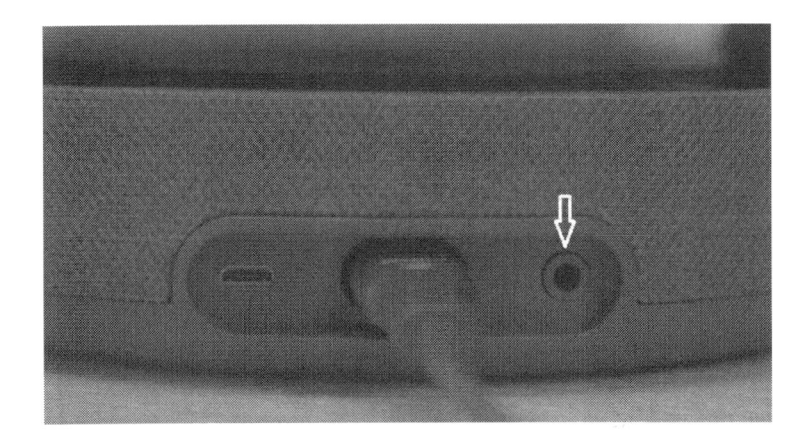

Liaison de vos appareils domotiques intelligents avec Echo Studio via Zigbee Hub

Avec le hub Zigbee de votre Echo Studio, vous pouvez relier facilement les appareils intelligents pris en charge à Alexa. Suivez les étapes ci-dessous pour lier vos appareils.

1. Gardez votre appareil intelligent prêt à être connecté à une distance de 30 pieds de votre Echo Studio.

2. Assurez-vous que l'appareil est sous tension. Ensuite, dites : « Alexa, découvrez mes appareils. »

3. Alexa scannerait pour voir les appareils qui se trouvent à portée, puis tentait de les découvrir. Bientôt, vous êtes averti de l'appareil qu'Alexa a découvert.

4. Pour afficher et personnaliser vos appareils intelligents, appuyez sur **Appareils** dans l'application Alexa.

Liaison de vos appareils à Alexa à l'aide de la découverte guidée

Pour lier un appareil domotique qui n'est pas pris en charge par ZigBee (par exemple, TP-Link) mais qui est activé par Wi-Fi, mettez l'appareil sous tension et lancez l'application mobile Alexa. À partir de la page d'accueil, appuyez sur **Appareils** , puis sur l'icône **Plus** , puis sur **Ajouter un appareil**. Sélectionnez votre appareil domotique ainsi que la marque de l'appareil. Suivez le guide à l'écran pour terminer le processus.

Liaison de vos appareils à Alexa à l'aide des compétences de la maison intelligente

Une compétence tierce ou une application complémentaire pour votre appareil sert de catalyseur pour l'appareil intelligent avec Alexa. En d'autres termes, lorsqu'il est activé, vous pouvez facilement lier votre appareil intelligent qui l'associe à Alexa. Chaque appareil intelligent, en particulier ceux qui ne sont pas fabriqués par Amazon, est livré avec une application d'activation autrement appelée **compétence**.

Pour lier votre appareil à Alexa à l'aide d'une compétence, mettez sous tension l'appareil intelligent et dans l'application Alexa, allez dans **Menu** puis **Compétences**. Appuyez sur l'icône de recherche et tapez le nom de la compétence de votre appareil, puis effectuez une recherche. À partir du résultat de la recherche, appuyez sur la compétence de votre appareil et **Activer**. **Connectez-vous** à votre compte avec eux si nécessaire et suivez les instructions affichées à l'écran pour terminer le processus. Vous pouvez également passer de **Compétences > Catégories > Maison intelligente**, puis rechercher les Compétences pertinentes. Vous pouvez également rechercher et activer les compétences pertinentes sur Amazon.fr.

Ensuite, téléchargez l'application de l'appareil à partir du site Web du fabricant, Play- ou App-Store et configurez l'appareil intelligent en suivant les instructions provenant de l'application. Assurez-vous que l'application pour appareils intelligents est connectée via le même réseau Wi-Fi que votre Echo Studio.

Pour connecter votre appareil, à partir de l'application Alexa, accédez au **menu** et sélectionnez **Ajouter un appareil**. Sous **Tous les appareils**, sélectionnez la nature de votre appareil, puis la **marque de votre appareil**. Si nécessaire, connectez-vous à l'application compagnon de votre appareil intelligent, puis revenez à l'application Alexa et appuyez sur **Continuer**.

Enfin, votre appareil intelligent est prêt et enregistré sous **Appareils** dans l'application Alexa. Si votre appareil n'est pas ajouté à l'application Alexa, demandez à Alexa de le découvrir (« Alexa, découvrez les appareils »). L'ajout de tout autre appareil domotique suit un processus similaire.

Notez qu'une fois que votre appareil domestique intelligent est configuré avec Amazon Alexa en utilisant les compétences requises pour l'appareil, toute personne disposant de la bonne commande peut déclencher le fonctionnement de l'appareil intelligent. Par conséquent, il est recommandé de mettre hors tension les microphones de votre appareil Echo lorsque vous quittez la maison et de configurer un code PIN sur votre téléphone qui contient l'application Alexa pour empêcher l'accès autorisé à Alexa via votre téléphone mobile.

Comment créer un groupe de maisons intelligentes

Un groupe de maisons intelligentes permet de contrôler tous les périphériques membres du groupe à l'aide d'une seule commande à la fois.

Pour commencer, dans la page d'accueil de l'application Alexa, appuyez sur **Appareils** , puis sur l'icône **Plus** et sélectionnez

Ajouter un groupe. Entrez votre préférence ou sélectionnez parmi les noms suggérés. Appuyez sur Suivant et sélectionnez votre Echo et d'autres appareils intelligents pour le groupe, puis Enregistrer. Le haut-parleur Echo vous permet de contrôler les appareils domotiques du groupe à l'emplacement de l'enceinte, sinon vous le contrôlez à partir de l'application Alexa.

Vous pouvez revenir plus tard pour retirer ou ajouter d'autres éléments au groupe. Gardez à l'esprit que cette fonctionnalité prend en charge uniquement les appareils intelligents qui fonctionnent par commutation, par exemple les ampoules, les prises et plus encore.

De là, vous pouvez dire, « Alexa, allumez [groupe 1] » ou « Alexa, jouez Céline Dion sur [groupe 2] » où le groupe 1 peut être 3 ampoules intelligentes de sécurité, et le groupe 2 peut être 3 haut-parleurs Echo répartis dans les pièces. Cependant, notez que votre appareil Echo ne peut être connecté qu'à un seul groupe de maisons intelligentes à la fois.

Dans l'onglet **Groupe**, les groupes avec un haut-parleur Echo sont marqués pour Alexa. Appuyez sur le nom du groupe pour voir ses boutons d'interrupteur marche/arrêt.

Vous pouvez également visiter alexa.amazon.fr. Cliquez sur **Accueil dynamique > Groupes > Créer un groupe.** Entrez un nom pour votre groupe, puis marquez les périphériques que vous souhaitez ajouter au groupe. Enfin, cliquez sur **Enregistrer**. Tous les groupes créés à l'aide d'un ordinateur dans le même compte Amazon apparaissent également dans votre application Alexa.

Comment supprimer ou modifier un groupe de maisons intelligentes

Pour supprimer / modifier un groupe intelligent, ouvrez-le dans l'onglet **Accueil intelligent** via alexa.amazon.fr, cliquez sur **Groupes**, puis sur le groupe que vous souhaitez supprimer/modifier son contenu.

Pour modifier, cochez (cochez) d'autres périphériques pour le groupe ou décochez ceux que vous souhaitez retirer du groupe. Vous pouvez également modifier le nom du groupe. Enfin, cliquez sur **Enregistrer**. Pour supprimer, cliquez sur **Supprimer ce groupe** et confirmez votre décision.

Alternativement, dans l'application Alexa, vous pouvez toujours ajouter ou supprimer des membres d'un groupe de maisons intelligentes après l'avoir créé. Pour commencer, à partir de la page d'accueil de l'application Alexa, appuyez sur l'icône **Appareils** . Sélectionnez un groupe de maisons intelligentes à modifier, puis appuyez sur **Modifier** (voir le coin supérieur droit). Ensuite, **Modifier le nom**. Vous pouvez simplement choisir un nom prédéfini ou entrer votre propre nom. Appuyez sur **Suivant**. Sélectionnez les périphériques du groupe, puis **Enregistrer**. Pour supprimer complètement le groupe, appuyez sur l'icône **Corbeille** (voir le coin supérieur droit). Notez que vous pouvez supprimer et réutiliser le nom d'un groupe. Si vous rencontrez des difficultés à réutiliser le nom d'un groupe, désinstallez et réinstallez l'application Alexa.

Comment créer une scène

Pour créer une scène, vous devez tout d'abord configurer la scène dans votre application compagnon de périphérique intelligent. Par exemple, si vous avez l'intention de créer une scène pour que la lumière Philips Hue soit considérée lors du déclenchement de la scène, vous devez tout d'abord configurer la scène dans l'application mobile Philips Hue. La même chose vaut pour les autres appareils intelligents.

Une fois cela fait, en utilisant votre ordinateur via **alexa.amazon.fr**, et dans l'onglet **Accueil intelligent**, cliquez sur **Scènes**. Toutes les scènes que vous avez créées pour vos appareils intelligents apparaîtront ici. Si vous ne les trouvez pas, cliquez sur **Découvrir**. Les scènes sont contrôlées en fonction du nom que vous leur avez donné et elles fonctionnent toujours en changeant. Exemple, « Alexa, activez « nuit ». » Où « nuit » est le nom de la scène.

Dépannage des connexions maison intelligente

- Assurez-vous que vos appareils intelligents sont recommandés par Amazon ou compatibles avec Alexa.

- Assurez-vous que les compétences requises pour les appareils intelligents ont été activées.

- Assurez-vous que vous avez téléchargé et configuré l'application compagnon des appareils intelligents.

- Assurez-vous que **toutes** vos connexions sont sur le même réseau Wi-Fi.

- Assurez-vous que tous vos appareils intelligents et Alexa fonctionnent sur l'application mobile mise à jour.

- N'oubliez pas le bouton Philips Hue Bridge lorsque vous essayez de le découvrir dans l'application Alexa.

D'autres fois,

- Vous devrez peut-être redémarrer votre maison intelligente et vos appareils compatibles avec Alexa.

- Oubliez ou dissociez un appareil intelligent, puis désactivez la compétence associée dans l'application Alexa et essayez de le reconnecter.

- Il est fortement recommandé de configurer un réseau Wi-Fi personnel pour alimenter votre maison intelligente.

Phrases d'invocation de maison intelligente

Lumières

Pour allumer/éteindre votre voyant : « Alexa, allumez les **'voyants de sécurité'** [allumer/éteindre] », où **'voyants de sécurité'** est le nom de votre groupe d'ampoules intelligentes.

Pour contrôler l'intensité lumineuse : « Alexa, [tamise/éclaircir] [emplacement de la lumière ou nom du groupe de lumière] ».

Bouchons

Format général : « Alexa, activer/désactiver [nom du connecteur]. »

Thermostat

Pour vérifier le thermostat : « Alexa, quelle est la température du thermostat ? » « Alexa, réglez le thermostat sur [#] degrés » ou « Alexa, réduisez la température du thermostat. »

Serrure de porte

Pour verrouiller la porte : « Alexa, verrouillez la porte [avant/arrière]. »

Pour déverrouiller : « Alexa, déverrouillez la porte. »

Pour vérifier vos portes : « Alexa, la porte [avant/arrière] est-elle verrouillée ? »

Micro-Onde

« Alexa, réglez le micro-ondes pendant [#] minutes. »

Ventilateur

Pour accélérer ou ralentir la vitesse de votre ventilateur,

« Alexa, réglez la vitesse du ventilateur dans [nom de l'emplacement du ventilateur] à [#] pour cent. »

Remarques :

(a) Configurez un code pour déverrouiller vos portes lorsque vous activez la compétence « Déverrouiller par la voix » Alexa pour vos portes.

b) Les phrases d'invocation sont définies par les fabricants de dispositifs intelligents. Ainsi, les phrases utilisées ici peuvent varier légèrement.

Appariement de plusieurs haut-parleurs intelligents Echo pour un son stéréo

Dans votre application Alexa, appuyez sur **Appareils** sur la page d'accueil. Appuyez sur l'icône **Plus** dans le coin supérieur droit. Sélectionnez **Ajouter une paire stéréo.** Sélectionnez vos appareils (Echo Sub uniquement) pour les jumeler. Appuyez sur **Suivant** dans le coin supérieur droit de l'écran et suivez les invites à l'écran pour terminer le processus.

Remarque : Tous les haut-parleurs doivent être connectés au même réseau Wi-Fi et ils doivent être en ligne.

5 Compétences Alexa

Les compétences Alexa sont des applications tierces qui fonctionnent avec Alexa. Ils aident à lier les appareils domotiques à Alexa et servent également d'applications ou de jeux utilitaires. De nos jours, en dehors des développeurs Amazon, n'importe qui peut trouver une idée de la façon dont ils veulent qu'Alexa réponde à eux lorsqu'ils envoient une commande et que cela devienne une compétence pour Alexa. Découvrez comment créer vos compétences personnalisées dans la section « Alexa Blueprints — Comment créer des compétences personnalisées pour Amazon Alexa ».

Comment accéder aux compétences Alexa et les activer

Vous pouvez accéder à des milliers de compétences Alexa via le web. Rendez-vous sur alexa.amazon.fr à l'aide de votre ordinateur et connectez-vous avec vos informations de connexion Amazon. Parcourez les catégories et activez n'importe quelle compétence que vous aimez.

Vous pouvez également accéder aux compétences Alexa depuis votre application Alexa. Pour commencer, ouvrez l'application mobile Alexa, appuyez sur **Menu** puis **Compétences et jeux**. Parcourez les **catégories en vedette** ou **Toutes les catégories** pour voir les compétences que vous pouvez activer. Une fois que vous avez trouvé la compétence désirée, appuyez dessus et appuyez sur **Activer pour utiliser**.

Pour activer la compétence Alexa avec votre voix, utilisez le format : « Alexa, activer [nom de compétence] », par exemple, « Alexa, activer Jeopardy ». Cela fonctionne mieux lorsque vous connaissez un nom de compétence, mais là où vous ne le savez pas, vous devrez parcourir les catégories de l'application Alexa.

Les compétences sont particulièrement importantes pour lier votre appareil domotique à Alexa. Si nécessaire, téléchargez, installez et configurez un compagnon fourni avec l'appareil, puis recherchez et **Activez** la compétence associée pour le périphérique intelligent dans l'application Alexa. Une fois que la compétence de l'appareil est activée et que l'appareil est sous tension, dites à Alexa de le découvrir en disant : « Alexa, découvrez les appareils ».

Pour voir toutes les compétences que vous avez activées dans votre compte Amazon Alexa, dans l'application Alexa, accédez à votre page **Compétences et jeux** dans le menu , puis appuyez sur **Vos compétences**.

Vous pouvez également visiter alexa.amazon.fr avec votre ordinateur, puis cliquer sur Compétences. Entrez un nom de compétence et cliquez sur le bouton **Rechercher** . Vous pouvez également cliquer sur l'une des catégories répertoriées pour voir les compétences associées. Une fois que vous avez trouvé une compétence intéressante, cliquez dessus pour l'ouvrir et enfin cliquez sur **Activer** pour la faire fonctionner.

Comment désactiver une compétence

À partir de ce qui précède, vous pouvez désactiver n'importe quelle compétence de votre choix à partir de l'onglet **Vos compétences** de l'application Alexa ou via alexa.amazon.fr. Appuyez sur la compétence puis **Désactiver**. Alternativement, en utilisant votre voix, vous pouvez dire « Alexa, désactiver [nom de la compétence] » et la compétence serait désactivée.

Alexa BluePrint : Comment créer des compétences personnalisées pour Amazon Alexa

En dehors des développeurs Amazon, même vous pouvez commencer à développer des compétences Alexa en utilisant vos idées et faire en sorte que ces compétences fonctionnent pour vous comme vous le souhaitez lorsque vous envoyez une commande vocale à Alexa.

Pour commencer à créer des compétences dès maintenant, rendez-vous sur **blueprints.amazon.fr** avec votre ordinateur et connectez-vous avec vos informations de connexion Amazon. Fournissez les informations requises, puis choisissez un modèle ou un Blueprint pour commencer à créer votre compétence personnalisée. Vous pouvez créer un jeu de quiz, conte de fées, etc. Parcourez les **Blueprints en vedette** pour voir ce qui est disponible. Vous pouvez également parcourir les **catégories Blueprints.**

Dès que vous trouvez un modèle avec lequel vous souhaitez travailler, cliquez dessus pour voir plus de détails sur la façon de créer quelque chose à partir de celui-ci. La personnalisation d'un Blueprint est simple. Écoutez l'exemple du Blueprint, puis cliquez sur **Créer votre propre.** Donnez à votre Blueprint un nom droit simple. Vous pouvez toujours revenir pour modifier les **Compétences que vous avez faites** en cliquant sur le bouton **Modifier** de votre compétence. Voir l'option en haut de la page d'accueil du Blueprint.

Donnez des minutes pour que votre Compétence soit prête. Le système avertit lorsque votre compétence est prête.

Recherchez un message de notification vert. Une fois **Prêt à l'emploi**, vous pouvez activer la compétence pour votre appareil. Par exemple, « Alexa, ouvrir Quizzer », où « Quizzer » est le nom de votre compétence personnalisée.

À tout moment, vous pouvez désactiver ou supprimer une compétence de votre compte via **Compétences que vous avez faites** si vous n'êtes pas à l'aise avec elle.

Comment trouver les meilleures compétences Alexa

Il y a des milliers de compétences sur Amazon. Il est donc difficile de trouver de grandes compétences à activer.

Quelques étapes peuvent vous aider à trouver de grandes compétences :

(a) Visitez la page de compétences Amazon Alexa à l'aide d'un ordinateur : https://amzn.to/34UyTfS.

(b) Voir les catégories de compétences Alexa à gauche.

(c) Par exemple, cliquez sur Films et séries TV et **Trier par** avis client moyen.

(d) Le résultat trié semble être excellent sur la base des commentaires des clients. Une fois que vous avez trouvé une compétence que vous aimez, cliquez dessus pour l'ouvrir puis Activer sur la page.

6 Routines Alexa

Alexa peut effectuer plusieurs actions avec une seule commande vocale via une routine. Par exemple, vous pouvez dire, « Alexa, je sors » pour la faire éteindre les lumières et les prises, ou peut-être dire, « Alexa, ce qu'il y a dans les nouvelles » pour qu'elle joue vos briefings flash.

Routines Alexa avec les appareils Amazon Echo

Les routines Alexa peuvent automatiser le fonctionnement de votre appareil Echo avec d'autres appareils de maison intelligente. Une commande est envoyée à Alexa et qui suit le déclenchement de votre appareil intelligent pour l'action. Par exemple, vous pouvez définir « Alexa, bonne nuit » pour éteindre vos ampoules intelligentes. Les routines Alexa peuvent fonctionner sur une gamme d'appareils Amazon Echo, y compris, mais sans s'y limiter, Amazon Echo Plus, Echo Show et Echo Dot.

Les routines Alexa peuvent arrêter audio ou lire pendant des minutes, faire des annonces, envoyer des notifications ou déclencher un Ne pas déranger pendant un certain temps.

Pour commencer à utiliser la routine Alexa, lancez l'application Alexa, appuyez sur le **Menu**, ☰ puis sélectionnez **Routines**. Créez une routine en appuyant sur l'icône **plus** ⊕ en haut à droite de l'écran.

Ensuite, créez un déclencheur en sélectionnant **Quand cela arrive.** Vous pouvez soit créer une routine lorsque vous dites une phrase à l'aide de votre **Voix**, à **l'heure du calendrier**, à l'arrivée ou à la sortie de la maison, quand un appareil Echo fait quelque chose, ou lorsque vous appuyez sur l'Echo Button. Nous montrerons avec l'utilisation de votre voix, et à l'heure prévue, ainsi que sur la façon d'ajouter un appareil intelligent ou de définir de la musique pour jouer dans une routine.

Notez que les routines que vous avez créées sont répertoriées sous l'onglet **Vos routines**. Appuyez sur **En vedette** pour voir quelques routines que vous pouvez essayer.

Création d'une routine avec une phrase (voix)

Si vous sélectionnez la première option, entrez une phrase, par exemple « Alexa, bonjour » et appuyez sur **Enregistrer**. Ensuite, **Ajouter une action** sous Alexa **sera** pour travailler avec la phrase que vous venez de définir. Nous avons des actions telles que les nouvelles, le trafic, la maison intelligente, la météo, le calendrier, dit Alexa, la messagerie, la musique, et plus encore. Pensez simplement à quelque chose de logique et définissez une routine pour cela. Par exemple, si vous sélectionnez **Actualités** [puis **Ajouter**]. Enfin, appuyez sur **Enregistrer**. À partir de la configuration, Alexa vous transmettrait ce qu'il y a dans les nouvelles en récupérant vos briefings flash. En conséquence, chaque fois que vous dites, « Alexa, bonjour », la prochaine chose que vous obtiendrez est des nouvelles de vos canaux de briefing flash.

Si vous sélectionnez **Alexa dit**, il y a encore beaucoup d'options. Alexa peut chanter une chanson pour vous, raconter une blague, raconter une histoire, et plus encore. Pour chaque option que vous choisissez, appuyez sur **Ajouter** pour l'enregistrer. Encore une fois, cela signifie que chaque fois que vous dites, « Alexa, bonjour », ce que vous obtiendrez est Alexa chanter une chanson pour vous, vous raconter une blague, vous raconter une histoire, etc. C'est comme ça que fonctionne la routine Alexa. Intéressant, non ?

Conseils : Sous **Alexa sera**, (1) Vous pouvez ajouter plus d'une seule action, (2) Vous pouvez ajouter une action personnalisée, (3) Vous pouvez également supprimer une action en appuyant sur le bouton moins. (4) Sous **De**, sélectionnez le périphérique Echo que vous voulez exécuter votre routine.

How to disable a routine
Under **Your Routines** tab in the Routines home screen, tap on the routine you want to disable and then toggle it OFF (the slider goes left).

Comment désactiver une routine
Sous l'onglet **Vos routines** de l'écran d'accueil Routines, appuyez sur la routine que vous souhaitez désactiver, puis désactivez-la (le curseur va à gauche).

Création d'une routine à l'heure et à la journée planifiées

Si vous choisissez **Planifier**, choisissez **l'heure à laquelle** vous souhaitez que votre routine soit **activée** [puis appuyez sur **Terminé**] et choisissez également quand vous voulez qu'elle se **répète**. Vous pouvez choisir tous les jours, les jours de semaine (du lundi au vendredi), les week-ends (samedi et dimanche) ou n'importe quel jour particulier. Confirmez votre sélection et appuyez sur **Terminé**.

Ensuite, ajoutez une action par rapport à l'heure et au (x) jour (s) que vous souhaitez que votre routine se produise en appuyant sur **Ajouter une action**. Une telle action peut être obtenir des informations météorologiques, des nouvelles, jouer de la musique, la circulation, la maison intelligente, etc. et vous êtes **Terminé**. Enfin, appuyez sur **Enregistrer** lorsque vous avez terminé votre sélection.

Ajout d'appareils domotiques à la routine

Sous **Alexa sera,** appuyez sur **Ajouter une action** et choisissez **Maison intelligente**. À partir des deux options, appuyez sur **Contrôler le périphérique**. Ensuite, sélectionnez votre appareil préféré, par exemple, ampoule, prise, etc. Vous pouvez continuer à ajouter d'autres appareils intelligents et sélectionner ce que vous voulez arriver à l'appareil lorsque l'heure et le jour programmés sont atteints. Enfin, appuyez sur **Enregistrer**.

Conseil : Vous pouvez créer une routine pour les **activer** et une autre routine pour les **désactiver**.

Ajouter de la musique à une routine

Il est assez facile de créer une routine avec votre musique préférée. Une routine musicale peut passer pour une alarme si vous la créez en utilisant l'heure et le jour programmés. Pour commencer, à partir de l'application Alexa, ajoutez une action musicale (action Ajouter) pour la condition que vous souhaitez que votre routine se produise en appuyant sur l'icône plus (+). Sur l'écran suivant, sélectionnez une chanson en tapant le titre de la chanson. Ensuite, sélectionnez le **fournisseur de musique**. Votre musique pourrait provenir de votre bibliothèque musicale, Pandora, Amazon, Spotify, TuneIn ou iHeartRadio. Appuyez sur **Enregistrer** pour continuer.

Avoir Alexa dire quelque chose dans une routine

Alexa peut dire une phrase lorsqu'une routine est déclenchée. De telles phrases peuvent être un message de bienvenue à la maison, un compliment, un adieu, un message de bonne nuit ou de bonjour, un souhait d'anniversaire, etc.

Pour commencer, sous Alexa va, appuyez sur **Ajouter action** et sélectionnez **Alexa dit**. Vous pouvez taper une phrase personnalisée ou choisir dans la liste. Vous pouvez également cliquer sur **Phrases** de la liste pour en voir plus. Suivez et sélectionnez votre phrase préférée, puis appuyez sur **Ajouter**. Enfin, appuyez sur **Sauvez**.

7 Communications Alexa

Alexa peut garder votre foyer, vos amis et votre famille toujours connectés. Il peut fonctionner comme un dispositif d'interphone dans la maison ou utilisé comme un dispositif de conversation téléphonique standard sur Internet. Il peut initier une communication bidirectionnelle instantanée entre les pièces ou envoyer une annonce d'une pièce au reste de la maison. Vous pouvez également utiliser Alexa pour envoyer un message ou appeler n'importe qui depuis votre contact Alexa gratuitement en utilisant votre appareil compatible Alexa ou via l'application Alexa installée sur votre téléphone ou tablette. Vous pouvez également envoyer des E-mails, passer et recevoir des appels Skype une fois que votre E-mail et votre compte Skype sont liés à Alexa.

Pour commencer à utiliser la communication Alexa, ouvrez l'application mobile Alexa et, sur la page d'accueil, appuyez sur l'icône Communication et commencez à configurer votre Alexa pour la communication si vous ne l'avez pas fait avant cette date.

Pour ce faire sans problème, assurez-vous que votre téléphone exécute la dernière application Amazon Alexa (9.0 ou supérieur pour iOS et 5.0 ou supérieur pour Android). Les tablettes Fire peuvent également faire des appels.

Comment envoyer un message court (SMS)

Une fois que vous avez configuré votre application Alexa pour des conversations ou des communications, vous pouvez commencer à envoyer un court message à vos contacts Alexa. Vous pouvez envoyer des messages à votre famille et à vos amis à l'aide de votre appareil Echo ou de l'application Alexa.

Depuis votre application Alexa, appuyez sur l'onglet **Communication** puis sur l'icône **Contacts** (voir en haut à droite de la page). Appuyez sur **Mon profil** et sous **Autorisation**, basculez sur **Envoyer des SMS**, et vous êtes bon d'y aller. Autoriser

Alexa à envoyer et lire des SMS. Cette opération n'est effectuée qu'une seule fois dans le cadre du processus d'installation. Ensuite, importez tous les contacts de votre téléphone vers Alexa. À l'avenir, il vous suffit de taper sur l'icône du message ![icon] pour voir les contacts pris en charge à qui vous pouvez envoyer un message instantanément.

Par la suite, sur la page **Contacts** ![icon], vous pouvez gérer vos contacts en appuyant sur les trois points suivants ![icon] : **Ajouter un contact** pour ajouter de nouveaux contacts dans l'application Alexa ou Bloquer tout contact de vous joindre via Alexa. Vous pouvez également basculer sur **Activer** sous **Importer des contacts** pour permettre à Alexa de mettre à jour vos contacts à partir de votre annuaire téléphonique de temps à autre.

La commande ici est simple : « Alexa, envoyer un message texte », « Alexa, envoyer un message texte. » Alexa demandera alors un contact dans votre application Alexa. Donnez à Alexa un nom de contact, dites votre message et laissez le reste pour Alexa.

Vous pouvez également enregistrer un certain stress à Alexa en utilisant une commande telle que : « Alexa, envoyez un message texte à [nom de contact de votre application Alexa] ou « Alexa, envoyez un message texte à [nom de contact de votre application Alexa] » ou « Alexa, message [nom de contact de votre application Alexa] ».

Lorsque vous avez un nouveau message, un point s'affiche sur l'icône Communication sur la page d'accueil ou le voyant lumineux de l'appareil Echo. Pour entendre votre nouveau message, dites : « Alexa, écoute mes messages. »

Remarque : (a) Le système d'exploitation mobile du destinataire du message doit également être Android sinon cela ne se passera pas bien ; (b) Vous ne pouvez pas envoyer de message à l'urgence, ou aux groupes ; (c) Vous ne pouvez pas envoyer de message multimédia avec cette configuration.

Comment faire des appels vidéo ou audio avec Amazon Alexa

Vous pouvez passer des appels gratuits vers d'autres appareils ou contacts Echo sur votre application Alexa qui prennent en charge cette fonctionnalité. Tu veux essayer ? - D'accord. Lancez votre application Alexa et appuyez sur l'icône **Communication**.

Appuyez sur l'icône **Contacts**. Accordez à Alexa toutes les autorisations nécessaires si vous le faites pour la première fois. Tous vos contacts seront affichés ici. Vous pouvez taper sur n'importe quel pour voir s'ils peuvent recevoir un appel d'Alexa. Si vous appuyez sur n'importe quel contact, vous pouvez effectuer des appels audio ou vidéo. Par la suite, vous pouvez facilement appuyer sur l'icône **Appel** une fois que vous êtes sur la page Communication pour commencer à faire des appels.

En utilisant la commande vocale, vous pouvez dire, « Alexa, appelez Tom Smith », « Alexa, vidéo off » [c'est si elle essaie d'appeler vidéo par défaut]. Tu as fini de parler ? Alors dis : « Alexa, arrête le coup de fil. » Vous pouvez aussi appuyer sur l'icône **Raccrocher** sur l'écran si vous utilisez un appareil Echo avec un écran pour mettre fin à un appel ou simplement dire « Alexa, raccrochez ». Pour répondre à un appel, dites : « Alexa, répondez. »

Pour répondre ou ignorer vos appels entrants Alexa à Alexa vers votre appareil Echo, dites « Alexa, répondez » ou « Alexa, ignorez ». Vous pouvez également utiliser la fonctionnalité Ne pas déranger pour bloquer ou ignorer les appels.

La fonction Drop In

Cette fonctionnalité vous permet de démarrer une conversation audio ou vidéo avec un autre utilisateur de l'appareil compatible Alexa Drop-In. Vous pouvez également regarder et/ou écouter ce qu'un autre utilisateur fait en fonction de l'appareil Echo qu'il utilise. En conséquence, vous pouvez facilement utiliser cette fonction pour surveiller les événements autour de votre maison. Vous pouvez également vous référer à cela comme un interphone.

La fonction Drop-In Alexa peut permettre à quelqu'un de se rendre sur vous sans préavis via votre appareil Echo. Lorsqu'un appareil Echo avec un écran tombe sur un autre appareil Echo avec un écran, vous obtenez un flux vidéo. Comme cela est inopiné, vous pouvez choisir de le désactiver pour éviter que quelqu'un ne s'éclaire dans votre vie privée. En raison de sa nature sensible, il est **désactivé** par défaut.

Pour l'activer [ou la désactiver], lancez votre application mobile Alexa et appuyez sur l'icône **Menu**, accédez à **Paramètres** et sélectionnez l'appareil que vous souhaitez activer ou désactiver la fonction Drop in. Appuyez sur le **menu Drop-In** et ajustez-le comme vous le souhaitez à partir de là. Vous avez des options pour activer [Activé], lui permettre de fonctionner dans votre maison ou désactiver [Désactivé] complètement. Pour essayer ceci après avoir activé la fonctionnalité, disons, « Alexa, rendez-vous sur [Nom de l'appareil Echo] ».

Pour accéder à une personne utilisant l'application Alexa, appuyez sur l'icône **Communication** , puis appuyez sur **Drop In** et sélectionnez l'appareil Echo à partir de là.

Quelques phrases d'invocation utiles :
Vous pouvez commencer par « Alexa, drop in, » ou « Alexa, drop in sur Ordinateur» ou « Alexa, raccrocher » pour terminer une chute dans la session.

Comment associer votre compte Skype à Alexa pour passer et recevoir des appels Skype

Amazon Alexa continue de devenir de plus en plus intéressant chaque jour qui passe. Maintenant, vous pouvez appeler et recevoir des appels de vos contacts Skype à l'aide d'Amazon Alexa.

Pour commencer, vous auriez besoin de :

(a) Un appareil compatible avec Amazon Alexa.

(b) Le destinataire de l'appel doit mettre à jour son application Skype vers la dernière version.

(c) Votre communication Alexa doit être activée. Évidemment, vous avez déjà fait ça.

Pour configurer votre communication Skype avec Alexa, obtenez vos informations de connexion Skype à portée de main et dans l'application Alexa, allez dans **Menu**, puis **Paramètres** et sous **Préférences Alexa**, sélectionnez **Communications**. Sous **Comptes**, appuyez sur le signe **Plus** (+) sur **Skype** pour **vous connecter** avec vos coordonnées et connecter votre compte. Lorsque Alexa tente de rediriger, sélectionnez un navigateur sur votre téléphone et continuez à configurer votre compte Skype pour Alexa. Une fois la configuration terminée, vous pouvez commencer à appeler et à recevoir vos appels Skype.

Le format général pour appeler vos contacts Skype est « Alexa, Skype [identifiant Skype du destinataire] », par exemple « Alexa, Skype Michael ». Cependant, vous pouvez également dire, « Alexa, appelez Michael sur Skype » ou « Alexa, appelez 206-111-0334 ». Pour répondre à un appel entrant, dites simplement : « Alexa, répondez. »

Skype récompense avec des minutes d'appel gratuites lorsque vous connectez votre compte Skype à Alexa. L'abonnement Skype existant peut également fonctionner avec Amazon Alexa.

Comment faire une annonce avec Alexa

Avec Amazon Alexa, vous pouvez simplement annoncer un message d'un point de la maison au reste des chambres. C'est une sorte d'interphone à sens unique où vous envoyez un message à tous les appareils compatibles Alexa de la maison en utilisant votre voix. Lorsque l'annonce est envoyée, Alexa lance une courte alerte sur les appareils Echo connectés, puis commence à annoncer le message avec la voix de l'expéditeur.

Peut-être que tu veux dire à tout le monde de venir dîner, tu peux dire, « Alexa, annoncer « Pouvez-vous venir dîner ? » Vous pouvez également utiliser le mot «diffusion» au lieu de « annoncer ». Par exemple, « Alexa, diffuser que nous sommes en retard. »

Pour faire une annonce à l'aide de l'application Alexa, ouvrez l'application et appuyez sur l'icône **Communication** puis **Annoncer**. Sur l'écran suivant, tapez votre message ou appuyez sur l'icône **Microphone** pour indiquer votre message. Enfin, appuyez sur l'icône en forme de flèche pour faire votre annonce.

Remarques : (a) Les appareils mobiles ne peuvent envoyer que des annonces mais ne peuvent pas recevoir. Les annonces ne sont diffusées que sur les appareils Echo.

(b) Appuyez sur l'icône **Menu**, puis sur **Paramètres** et sous **Préférences Alexa**, appuyez sur **Communication** et sélectionnez votre appareil pour gérer les paramètres d'annonce de cet appareil.

(c) L'activation de Ne pas déranger sur un périphérique Echo empêche l'annonce de venir sur l'appareil. Cependant, vous pouvez toujours faire une annonce à partir de l'appareil.

Comment lier votre e-mail à Amazon Alexa

Vous pouvez lier vos comptes de messagerie et demander à Alexa de vous aider à le gérer. Avant de continuer, notez que toute personne ayant accès à votre téléphone sur lequel l'application Alexa est installée ou à vos appareils Echo peut accéder à vos e-mails. Vous pouvez connecter jusqu'à 3 adresses e-mail à votre compte Alexa. Votre membre adulte du ménage peut également faire de même. Vous pouvez définir et utiliser un code PIN vocal pour protéger votre courrier électronique contre tout accès non autorisé.

Pour lier un compte, lancez l'application Alexa et accédez à **Paramètres**, appuyez sur **E-mail et calendrier**. Consultez la liste des fournisseurs pris en charge par Alexa et choisissez un fournisseur à configurer. Fournir les informations de connexion et accorder l'accès à Alexa. Alexa signale vos activités de messagerie pour les dernières 24 heures.

Quelques phrases d'invocations utiles
Pour voir les **nouveaux** e-mails :
« Alexa, quel est mon courrier ? »
« Alexa, ouvre mon courrier. »

« Alexa, est-ce que [nom de l'expéditeur] m'a envoyé un email ? »

Pour **lire/entendre** du contenu : « Alexa, lire de nouveaux messages »

Pour **répondre** : « Alexa, répondez. »

Pour **ignorer** un e-mail : « Alexa, skip. »

Pour **supprimer** : « Alexa, supprimez-le. »

8 Alexa Divertissements

Alexa peut vous offrir une expérience divertissante que vous n'avez jamais imaginée. De la musique, des stations de radio, des podcasts en passant par des livres, des jeux, des films ou des blagues, Alexa a a tout ce qu'il faut — frapper et il vous sera ouvert, je veux dire demander !

Dans l'application Alexa, appuyez sur l'icône **Musique et Livres** , puis sur **Parcourir la musique** pour voir les services de musique Alexa que vous pouvez activer pour votre Echo Studio. À l'aide d'un ordinateur, rendez-vous sur alexa.amazon.fr, connectez-vous avec les détails de votre compte Amazon

Contrôles de base pour la musique

Lecture
« Alexa, mélangez. »

« Alexa, arrête. »
« Alexa, pause. »
« Alexa, joue. »
« Alexa, reprends. »
« Alexa, saute. »
« Alexa, suivant. »

Volume
« Alexa, augmenter le volume. »
« Alexa, volume 5. »

Égaliseur
« Alexa, réglez la basse à 5. »
« Alexa, monte les aigus. »
« Alexa, réinitialise l'égaliseur. »

Ma bibliothèque musicale/ Musique Amazon

Dans l'application Alexa, appuyez sur **Musique et Livres** pour visiter votre bibliothèque de musique et de livres. Pour afficher votre **Musique Amazon** et d'autres services de musique, appuyez sur **Parcourir la musique.** Sous Ma bibliothèque musicale, vous pouvez sélectionner votre appareil compatible Alexa préféré pour écouter votre musique. Si vous avez au moins deux appareils Echo liés, appuyez sur pour sélectionner votre Echo Studio. Profitez du champ de recherche pour trouver rapidement des chansons ou des albums. Les onglets : liste de lecture, artistes, albums et chansons sont simples. Ils aident à classifier votre musique. Pour demander de la musique stockée dans votre bibliothèque musicale, dites : « Alexa, lisez [playlist, artistes, albums ou nom de chanson] depuis [musique Amazon Prime /Ma bibliothèque musicale]. Exemple, « Alexa, jouer Chris Brown de la musique Amazon Prime. »

Musique Amazon : Prime et Illimité

Amazon Prime

Après **Ma musique Amazon**, vous obtenez de la **musique Amazon Prime**. Ici, vous pouvez accéder à une collection de musique Amazon. Votre bibliothèque musicale héberge vos achats de musique et listes de lecture d'Amazon en fonction de vos abonnements. À l'aide d'un ordinateur, rendez-vous sur alexa.amazon.com et cliquez sur Musique, Vidéo et Livres. Faites défiler jusqu'à la section **Musique**. De là, vous pouvez cliquer sur **Ma bibliothèque musicale** ou **musique Prime**.

Conseil : Téléchargez l'application de musique Amazon pour votre ordinateur et connectez-vous à votre compte pour accéder facilement à votre musique Amazon depuis votre ordinateur.

Avec votre abonnement Musique Prime et dans votre application Alexa, appuyez sur Musique et livre et parcourez votre musique dans les deux catégories : stations et listes de lecture. Alors que la catégorie Stations est basée sur une époque de musique, d'artiste ou de genre, la catégorie Playlists est organisée par Amazon. Ici, vous pouvez sélectionner des pistes musicales, mais dans Stations, vous ne pouvez pas. Vous devrez peut-être vous promener pour vous familiariser avec les noms de la liste de lecture afin que vous puissiez facilement demander à Alexa. Le format est simple : «

Alexa, lire [nom de la playlist] à partir de la musique Amazon Prime. »

Pour ajouter une liste de lecture Prime Music à votre bibliothèque musicale, rendez-vous sur Amazon Prime Music à l'aide de votre ordinateur, puis parcourez les listes de lecture disponibles (voir le lien en haut à gauche sous **Parcourir**). Passez la souris sur une liste de lecture, puis cliquez sur le signe plus pour l'ajouter à votre bibliothèque musicale. Cliquez sur l'icône **Plus** d'options pour les options à partager, suivre, aller dans playlist, jouer suivant ou ajouter la playlist à la file d'attente.

D'une autre manière, ouvrez l'application Alexa, accédez à l'icône **Musique, Vidéo et Livres** , puis appuyez sur **Musique Prime** et enfin **Playlists**. Recherchez une liste de lecture préférée et commencez à la jouer. De là, vous pouvez dire à Alexa de l'ajouter à votre bibliothèque. La liste de lecture est ensuite répertoriée dans les pages de votre bibliothèque musicale.

Il n'est pas simple d'ajouter un album à votre bibliothèque musicale. Nous allons essayer de jouer autour de lui. Encore une fois, rendez-vous sur **Amazon Prime Music** sur votre ordinateur. Par exemple, recherchez un titre de chanson, par exemple, « Drunk par Ed Sheeran ». Sous **Chansons de Prime**, cliquez sur l'icône **Plus d'options** ⋮ , puis cliquez sur **Afficher l'album**. Cliquez ici sur le signe plus ⊕ pour ajouter l'album à votre bibliothèque musicale. C'est juste une façon simple de procéder. D'ici, vous pouvez dire, « Alexa, jouez [nom de l'album par nom de l'artiste] dans ma bibliothèque musicale. »

Abonnements à la musique Amazon : vous devez avoir un abonnement avec Amazon : Amazon Prime ou Amazon Music illimité ou les deux. L'abonnement annuel standard Prime Music est de 119$, tandis que l'abonnement mensuel standard est de 12,99$, le tout avec un essai gratuit de 30 jours. Les étudiants peuvent également profiter d'un abonnement mensuel et annuel de 6,49$ et de 59$ respectivement.

Abonnements à la musique Amazon : vous devez avoir un abonnement avec Amazon : Amazon Prime ou Amazon Music illimité ou les deux. L'abonnement annuel standard Prime Music est de 119$, tandis que l'abonnement mensuel standard est de 12,99$, le tout avec un essai gratuit de 30 jours. Les étudiants peuvent également profiter d'un abonnement mensuel et annuel de 6,49$ et de 59$ respectivement.

Musique Amazon illimitée

Si vous ne pouvez pas vous permettre de bénéficier de l'abonnement Amazon Prime Music, vous pouvez opter pour le forfait musique Amazon illimité avec un abonnement mensuel de 7,99$ pour les particuliers et de 14,99$ pour une famille (jusqu'à 6 membres autorisés). Vous pouvez également souscrire un abonnement annuel à l'un de ces forfaits.

Si vous possédez l'Echo Show, Amazon Tap, Echo Look, Echo, Echo Dot ou Fire TV, vous pouvez vous abonner à un forfait mensuel de 3,99$ (4,99$ pour les étudiants). Notez que ce plan ne fonctionne que pour l'un des appareils répertoriés ici.

Amazon musique HD illimitée
Pour profiter de l'audio 3D Amazon Echo Studio, vous devez vous abonner à ce forfait. Il y a encore des millions de chansons disponibles dans ce plan. Étant donné que ce plan est ce qui alimente l'audio Echo Studio 3D, il est fortement recommandé de vous y abonner pour profiter pleinement de la puissance de l'Echo Studio. Après un essai gratuit de 90 jours, si vous êtes en abonnement illimité Amazon Music, vous devrez payer un abonnement mensuel de 5$pour ce forfait. Les membres Prime doivent payer un abonnement mensuel de 12,99 $, tandis que les autres sans abonnement musical spécifique sur Amazon devront payer un abonnement mensuel de 14,99 $. Notez Amazon musique HD illimitée offre un son haute et ultra-haute définition.

Tidal

Pour commencer, créez votre compte Tidal sur tidal.com. Sur votre application Alexa, appuyez sur Musique et livres, puis sur Parcourir la musique. Faites défiler vers le bas et appuyez sur Tidal. Activez la compétence Musique de marée en appuyant sur Activer pour utiliser. Connectez votre compte Tidal et vous avez terminé. Alternativement, disons, « Alexa, ouvrez Tidal. » pour activer la compétence Musique Tidal. De là, vous pouvez demander une liste de lecture spécifique, une chanson par nom ou un artiste préféré. Format : « Alexa, joue [playlist/nom de la chanson] sur Tidal. »

iHeartRadio

Pour configurer votre iHeartRadio sur Alexa, inscrivez-vous sur http://iheart.com en utilisant un ordinateur, et connectez-vous avec les mêmes informations de connexion sur l'application Alexa via **Paramètres** → **Musique & Livres** → **Musique** → **iHeartRadio**. À partir de là, vous pouvez lier votre compte.

Vous pouvez écouter plus de 850 stations sur iHeartRadio sur votre Echo Studio. Le contenu comprend des conversations, de la musique, des nouvelles, des sports, etc. Eh bien, vous devriez avoir votre station préférée en tête, mais si vous ne le faites pas, rendez-vous sur iheart.com et regardez certaines chaînes là-bas. Vous pouvez choisir de rechercher par emplacement ou par genre.

Pour lire n'importe quelle chaîne de votre choix, utilisez le format : « Alexa, jouez [nom de la station de radio] sur iHeartRadio. » Exemple : « Alexa, joue Kiss FM sur iHeartRadio » ou « Alexa, joue Kiss FM sur iHeartRadio sur le groupe 1" où Groupe 1 est le nom de votre groupe de haut-parleurs Echo pour une configuration musicale multi-pièces. Pour arrêter de jouer, dites : « Alexa, arrête. »

Notez que iHeartRadio dispose de 3 niveaux d'adhésion :

- Le premier niveau ne comporte aucun coût, mais vous serez limité à une station de radio locale ou à des mixages construits autour d'artistes similaires.

- Le deuxième niveau coûte 4,99 $par mois qui peut accéder par Alexa une fois abonné. Vous pouvez lire n'importe quelle chanson, sauter, créer une playlist ou rejouer des chansons à partir de stations personnalisées ou de radio en direct.

- Le troisième niveau vous donne un accès illimité aux chansons accessibles via Alexa. Vous pouvez également créer plusieurs sélections.

Spotify

Pour créer un compte avec Spotify, rendez-vous sur Spotify.com. Ensuite, revenez à l'application mobile Alexa et connectez-vous au service de musique avec vos informations de connexion via **Music & Books** ▶ → **Music** → **Spotify.** Ensuite, associez votre compte Spotify et accordez toutes les autorisations. Vous pouvez choisir de faire de Spotify votre service de musique par défaut ou ignorer. Pour faire la demande, dites : « Alexa, joue [genre/nom de l'artiste] sur Spotify. »

Echo Studio nécessite que vous ayez un compte premium Spotify (9,99$ par mois) avant de pouvoir utiliser Spotify. Une fois que vous avez activé l'abonnement Premium Spotify, vous pouvez télécharger de la musique et l'écouter hors ligne. Pour déconnecter Spotify de votre Echo Studio, appuyez sur **Menu** dans l'application Alexa, puis sur **Paramètres** → **Musique & Livres** . Sélectionnez **Spotify** et appuyez sur dissocier le compte d'Alexa.

Pandora

Inscrivez-vous sur http://pandora.com en utilisant un ordinateur et sur l'application Alexa, allez dans **Paramètres** → **Musique & Livres** → Musique → Pandora → **Activer**. Connectez-vous avec les informations de votre compte Pandora.

Pour demander une chanson :
« Alexa, joue la radio de Pandora. » Lorsque la chanson n'est pas disponible, une station sera créée pour vous.

Pour voter une chanson :
« Alexa donne un [Pouce vers le haut/Pouce vers le bas] à cette chanson. »

Pour contrôler la lecture :
« Alexa, [jouer/arrêter] de la musique sur Pandora. »

Pour ignorer une chanson :
« Alexa, saute cette chanson. »

Pour contrôler le volume :
« Alexa, baisse du volume [vers le bas/vers le haut]. »

Pour savoir ce qui joue :
« Alexa, qu'est-ce qui joue ? »

Les utilisateurs de Pandora Premium peuvent demander une playlist, une chanson spécifique ou un album à jouer pour eux, par exemple, « Alexa, joue One Dance par Drake on Pandora.

Pour désactiver Pandora sur Alexa
Sur l'application Alexa, allez dans Paramètres → Musique & Livres → Musique → Pandora → Désactiver.

SiriusXM

Accédez à plus de 70 chaînes musicales, à plus de 20 conversations et divertissements, à plus de 10 chaînes sportives et à plus de 15 chaînes de nouvelles et de questions sur SiriusXM. Vous pouvez également obtenir le trafic, la météo, la comédie et plus encore SiriusXM lorsque vous activez SiriusXM Compétence sur votre Echo Studio. SiriusXM n'est pas tout à fait là comme les autres services, mais néanmoins, vous pouvez lui donner un essai.

Suivez une méthode similaire comme celle ci-dessus pour activer SiriusXM sur Alexa. Une fois activé, associez votre compte avec vos informations de connexion. Pour en savoir plus, rendez-vous sur siriusxm.com/amazonalexa. Vous pouvez également activer SiriusXM via alexa.amazon.com. Une fois sur place, allez dans l'onglet Compétences et recherchez SiriusXM. Activer l'utilisation.

TuneIn

Dans l'application Alexa, appuyez sur l'icône **Menu** puis sur **Compétences**. Utilisez la barre de recherche pour rechercher et activer la compétence **TuneIn Live**. Pour utiliser votre voix pour activer TuneIn, dites « Alexa, ouvrez TuneIn Live » et dites « Oui » à son invite. Alternativement, dans l'application Alexa, appuyez sur **Musique et Livres** → **Musique** → **TuneIn**. Ensuite, Lier votre compte Spotify et **Autoriser** le lien.

Vous pouvez diffuser des actualités, de la musique, du sport et des podcasts depuis TuneIn. TuneIn travaille avec des fournisseurs de contenu tels que NHL, MLB, NBA, NFL, Al Jazeera, MSNBC, CNBC, Newsy, etc.

TuneIn a un abonnement gratuit et premium:

- TuneIn Radio est gratuite et peut diffuser plus de 100 000 stations couvrant différents genres ou styles.

- TuneIn Premium est un service mensuel payant pour 9,99$ qui diffuse plus de 100 000 stations, podcasts et livres audio. Vous pouvez également écouter la couverture des événements en direct, par exemple : NFL, NBA, MLB, NHL et plus encore.

- TuneIn Live, lancé en 2018, cible uniquement les appareils compatibles avec Alexa ou les abonnés Amazon Prime. Il offre une couverture d'événements en direct avec des milliers de stations de radio d'une valeur de 2,99$ par mois. Les membres non Amazon Prime peuvent payer un abonnement mensuel de 3,99$ pour accéder au service.

Dans l'application Alexa et sur la page TuneIn, tapez le nom exact d'une station de radio ou d'une émission que vous souhaitez écouter dans le champ Rechercher et effectuez votre recherche. Utilisez la fonction Parcourir pour parcourir vos favoris, la radio locale (pour changer d'emplacement, accédez à **Paramètres** et sélectionnez votre **Echo Studio**. Appuyez sur **Emplacement de l'appareil,** puis **Modifier**), sports et plus encore.

Deezer

Deezer est un service de musique premium sur Alexa (9,99$ par mois). Vous pouvez écouter Deezer à l'aide d'un appareil compatible Alexa aux États-Unis, au Royaume-Uni, au Canada, en Allemagne, en Irlande, en Nouvelle-Zélande et en Australie. Inscrivez-vous pour un compte payant sur http://deezer.com.

Deezer est déjà répertorié sur Alexa et tout ce que vous avez à faire est de l'activer et de commencer à l'utiliser une fois que vous avez créé un compte premium. Pour commencer, appuyez sur l'icône **Musique et Livres** à partir de la page d'accueil d'Alexa et sélectionnez **Deezer**. Suivez les instructions à l'écran pour terminer le processus d'installation.

Musique Apple

Suivez un processus similaire comme Shopify pour lier votre musique Apple. Vous pouvez également associer votre téléphone à votre Echo Studio et utiliser Echo Studio comme haut-parleur Bluetooth. Une fois que votre téléphone est connecté à Echo Studio, utilisez-le pour lire votre Musique Apple.

Configuration de votre service de musique par défaut

Un service de musique par défaut s'occupe de votre demande musicale quand vous en avez besoin. Lorsque votre service de musique par défaut est défini, vous pouvez simplement appeler pour de la musique sans spécifier nécessairement quel service doit répondre à la demande. Une demande telle que « Alexa, lire de la musique » sera traitée par votre service de musique par défaut. Ici, vous ne spécifiez pas d'où vient la musique (par exemple, « Alexa, joue Ignition par R. Kelly ~~sur Pandora~~ »), alors Alexa commence simplement à jouer à partir de votre service de musique par défaut.

Toutefois, lorsqu'un service de musique par défaut n'est pas défini, vous devez spécifier quel service doit traiter votre demande. Votre demande devra toujours prendre le format suivant : « Alexa, joue [chanson/titre de l'album/genre/...] sur [service de musique]. »

Pour définir votre service de musique par défaut dans l'application Alexa, appuyez sur l'icône **Menu**, puis sur **Paramètres**. Sous **Paramètres**, appuyez sur **Préférences Alexa, Musique** et sous **Paramètres du compte**, Sélectionnez votre **service de musique par défaut** et appuyez sur **Terminé**.

Musique multi-pièces avec l'appareil Amazon Echo

Cette fonctionnalité est prise en charge par tous les Echos Amazon, à l'exception des Echo Tap et Fire TV. Pour commencer, connectez vos enceintes Amazon Echo sur le même réseau. En plus d'avoir tous vos haut-parleurs Echo connectés à la même connexion Wi-Fi, vous aurez également besoin au mieux d'un compte musique Amazon illimité ou d'un compte Prime Music. Bien que vous puissiez configurer une musique multi-pièces avec un compte de musique Prime, un compte Amazon Music illimité est néanmoins le meilleur pour cela.

Une configuration musicale multi-pièces avec un compte de **musique Prime** ne peut vous permettre de diffuser en continu une chaîne musicale (p. ex., Pandora uniquement) à la fois vers un groupe de haut-parleurs, tandis qu'un abonnement **Musique illimitée avec un forfait Famille** peut diffuser simultanément des chaînes multi-musicales (p. ex., iHeartRadio et SiriusXM) à différents groupes de haut-parleurs. Cependant, notez que la configuration musicale multi-pièces ne fonctionne pas avec les haut-parleurs connectés via Bluetooth.

Pour commencer à configurer la **musique multi-pièces,** cliquez sur **Appareils** dans la page d'accueil pour voir les commandes des appareils maison intelligente. Appuyez sur le signe **plus** 🔘, puis **Ajouter des haut-parleurs de musique multi-pièces**, puis **Continuer**. Nommez votre groupe en choisissant parmi les suggestions système ou en saisissant votre nom personnalisé. Appuyez sur **Suivant** et sélectionnez les appareils Echo que vous souhaitez utiliser pour former le groupe. Une fois terminé, appuyez sur **Enregistrer**. Notez qu'un haut-parleur ne peut pas être ajouté à deux groupes ou plus. Vous pouvez toujours supprimer votre enceinte Echo de **son groupe** sous **Groupes de haut-parleurs** dans **Périphériques** 🏠.

Une fois la configuration terminée pour le groupe, il est prêt à l'emploi. Dites simplement : « Alexa, écoutez de la musique sur le groupe 1 où le groupe 1 est le nom de votre groupe de haut-parleurs Echo. Ici, Alexa joue à partir du service de musique par défaut.

Pour contrôler quel haut-parleur au sein d'un groupe joue quoi, utilisez le format : « Alexa, lire [service de musique] sur 'groupe 1' et lire [service de musique] sur 'groupe 2' » où 'groupe 1' et 'groupe 2' sont vos noms de groupe de haut-parleurs Echo. Vous pouvez également dire, « Alexa, jouer [playlist/genre/artiste/station de radio] sur [service de musique] sur [nom du groupe].

Plus d'invocations utiles :
« Alexa, joue [nom de l'artiste/playlist] sur [nom du groupe de haut-parleurs Echo]. »

« Alexa, joue [nom de la station de radio] sur Pandora sur [nom du groupe de haut-parleurs Echo]. »

« Alexa, joue de la musique « partout », où « partout » est votre groupe de musique.

9 Vos livres et Alexa

Audible

Pour commencer à utiliser Audible, rendez-vous sur audible.com et connectez-vous à l'aide de vos informations Amazon. Les frais audibles s'élèvent à 14,95 $d'abonnement mensuel après un essai gratuit de 30 jours. Inscrivez-vous au service, sélectionnez votre mode de paiement et **Commencez votre adhésion.** Commencez à sélectionner certains livres. Pour éviter d'être facturé, annulez votre abonnement avant l'expiration de la période d'essai.

Pour connecter votre compte à Alexa, allez sur alexa.amazon.fr et cliquez sur **Musique, Vidéos et Livres.** Faites défiler jusqu'à **Livres** et cliquez sur **Audible** en dessous. Trouvez les livres audio que vous avez sélectionnés précédemment. Pour lire vos livres audio sur votre Echo Studio, cliquez sur le titre pour commencer la lecture. Vous pouvez également accéder à vos livres audio dans votre application mobile Alexa via

Music & Livres ▶. Touchez pour jouer. Alternativement, dites : « Alexa, lisez [titre du livre audio].

Plus d'invocations

Pour contrôler la lecture :
« Alexa, [arrêter/pause/reprendre mon livre] »

Pour revenir en arrière ou en avant de 30 secondes : « Alexa, retourner/aller de l'avant]. »

Pour passer à un autre chapitre : « Alexa, [suivant/précédent] chapitre. Ou « Alexa, allez au chapitre [#]. »

Redémarrez un chapitre :
« Alexa, redémarrez. »

Arrêtez après le nombre de temps : « Alexa, arrêtez de lire en [#] minutes » ou « Alexa, arrêtez de lire en [#] heure. »

Pour qu'Alexa lise un titre de Audible : « Alexa, lisez [titre du livre] de Audible. »

Pour obtenir des informations sur les livres gratuits : « Alexa, qu'est-ce qui est gratuit sur Audible aujourd'hui ? »

Kindle

Alexa peut facilement lire les ebooks pris en charge par la synthèse vocale dans votre bibliothèque Kindle. Pour commencer, appuyez sur l'icône **Musique et livre** située sur la page d'accueil d'Alexa. Dans la bibliothèque Kindle, vous pouvez voir tous vos ebooks. Sélectionnez n'importe lequel et choisissez un périphérique pour cela. Que le livre ait été partagé avec vous, que vous les ayez achetés ou empruntés, Alexa peut essayer de les lire pour vous. Peu importe si vous avez lu le livre à partir d'un autre appareil, Alexa peut ramasser à partir de là. Ceci est rendu possible par la technologie Whispersync for Voice prise en charge par Alexa.

Phrases d'invocations utiles :
Pour commencer la lecture du livre :
« Alexa, jouez [titre du livre] depuis la bibliothèque Kindle. »

Pour contrôler la lecture : « Alexa, [arrêter/pause/reprendre/sauter/aller de l'avant/prochain chapitre]. »

Pour passer à un autre chapitre : « Alexa, lisez [numéro de chapitre]. »

10 Relier votre Echo Studio à votre téléviseur

Même si l'Echo Studio n'est pas équipé d'un écran, vous pouvez toujours le connecter à votre téléviseur pour avoir cette expérience de visionnement cinématographique.

Pour lier votre Fire TV à Alexa, appuyez sur l'icône **Musique et livres** dans l'application Alexa, sélectionnez Fire TV, puis Liez votre appareil Alexa. Ensuite, appuyez sur votre Echo Studio et terminez la configuration en suivant les invites à l'écran.

Phrases d'invocation utiles
« Alexa, regarde 'Améle'. »
« Alexa, montre un film avec Jean Reno. »
« Alexa, montre des matchs de football en direct. »
« Alexa, prochain épisode. »
« Alexa, rembobiner 30 minutes. »
« Alexa, joue de la musique de Sia. »
Et plus encore ! Pense à quelque chose, dis-le.

11 Prouesses de productivité Alexa

Qu'il s'agisse d'ajouter un événement à votre calendrier, de magasinage ou de tâches, de définir des rappels, des alarmes et des minuteries, Alexa est là pour vous aider tout en vous concentrant sur d'autres choses. Vous pouvez utiliser une commande vocale pour annuler ou définir des comptes à rebours et gérer les paramètres dans l'application Alexa. Il peut s'agir d'une minuterie nommée ou d'un compte à rebours, comme vous le souhaitez. Vous pouvez également définir vos alarmes et vos rappels à l'aide de votre voix ou de l'application Alexa. Il y a encore plus que tu peux faire avec Alexa. Découvrez-le !

Comment définir une minuterie

Alexa peut vous aider à configurer une minuterie nommée, veille ou plusieurs minuteries juste avec votre commande.

Un **minuteur nommé** pourrait ressembler à : « Alexa, réglez une **minuterie de sommeil** pendant 90 minutes » ou « Alexa, réglez une minuterie de déjeuner pendant 35 minutes. »

Vous pouvez également définir **plusieurs minuteries** en disant : « Alexa, réglez une seconde minuterie pendant 10 minutes. »

Vous voulez vérifier l'état du minuteur ?
« Alexa, quels sont mes minuteurs ? » ou « Alexa, à quelle heure reste-t-il sur la minuterie ? »

Alors qu'un **compte à rebours** pourrait ressembler à :
« Alexa, arrêtez de jouer dans 50 minutes » ou « Alexa, réglez une minuterie pendant 20 minutes. »

Pendant que votre minuterie est en cours d'exécution, vous pouvez dire, « Alexa, [annuler/arrêter] minuterie de sommeil », « Alexa, quelle heure reste dans la minuterie de sommeil ? » ou « Alexa, quelle heure reste dans ma minuterie ? »

Pour annuler une minuterie, dites, « Alexa, annulez la minuterie du déjeuner » ou « Alexa, annulez la minuterie de 20 minutes ».

Comment définir un rappel

Demandez à Alexa de vous rappeler vos tâches importantes ou même de ne pas les manquer. Format standard : « Alexa, ajoutez un rappel sur [nom de l'activité] avant [heure] [quand] », par exemple, « Alexa, ajoutez un rappel sur le fait d'aller à l'église avant 6 h demain ».

Comment définir une alarme

Pour régler une alarme à un moment donné, dites : « Alexa, réglez une alarme pour 4 heures du matin », « Alexa, réveille-moi avant 4 heures du matin. »

Si vous voulez plutôt définir une alarme musicale, vous pouvez dire : « Alexa, réveille-moi jusqu'à [nom de l'artiste/titre de la chanson/genre/nom de la playlist/album] à 4 h, » ou « Alexa, réveille-moi jusqu'à Urban FM à 4 h sur TuneIn »

Peut-être que vous voulez régler l'alarme en mode répétition, vous pouvez dire, « Alexa, régler une alarme répétitive pour les jours de semaine à 4 heures du matin. »

Tu veux en savoir plus sur la prochaine alarme ? « Alexa, quand est ma prochaine alarme ? »

Vous voulez annuler une alarme ?
« Alexa, annule mon alarme pour 16h. »

Tu veux arrêter une alarme ?
« Alexa, arrête. »

Pour configurer manuellement vos rappels, alarmes ou minuteries, accédez à **Rappels et alarmes** sous **Menu** dans l'application Alexa.

Liaison de votre calendrier à Alexa

Alexa prend en charge Apple (Calendrier uniquement), Google (Email et Calendrier), Microsoft (Email et Calendrier) et Microsoft Exchange (Calendrier uniquement) via Office 365 et Outlook. Pour que cela se produise, dans l'application Alexa, accédez à **Paramètres**, faites défiler la page vers le bas et appuyez sur **Email & Calendrier**. Sélectionnez votre service préféré et **Connectez votre compte** en fournissant vos identifiants de connexion (si nécessaire). Accordez les autorisations nécessaires à Alexa et enfin, votre e-mail de compte et votre calendrier sont ajoutés.

Pour faciliter les choses, ne travaillez qu'avec un calendrier. Appuyez sur la case à cocher correspondant au calendrier que vous avez configuré plus tôt, puis retournez à la page **Précédent** (voir la flèche en haut à gauche). Continuez à configurer votre calendrier choisi pour Alexa dans Email & Calendrier. Enfin, vous êtes prêt. N'oubliez pas que les membres du ménage peuvent également accéder à votre courriel et à votre calendrier.

À ce stade, vous pouvez **ajouter des événements** à votre calendrier en utilisant le format : « Alexa, ajoutez [nom de l'événement] à mon calendrier par [heure] le [quand]. » Exemple : « Alexa, ajouter une réunion à mon calendrier avant 14h demain » ou « Alexa, ajouter un voyage à mon calendrier avant 5h le lundi. »

Pour **replanifier** un événement, vous pouvez dire : « Alexa, déplacez [nom de l'événement] de [ancienne heure ou date/heure] à [nouvelle heure ou date/heure] ».

Pour savoir ce qui est sur votre calendrier, dites simplement : « Alexa, quel événement ai-je sur mon calendrier aujourd'hui ? » ou « Alexa, qu'est-ce qu'il y a sur mon calendrier ? »

Création et gestion de votre liste de choses à faire

La liste Amazon est livrée avec deux listes par défaut : les achats et les choses à faire. Vous pouvez facilement commencer à ajouter des éléments à ces listes via votre application Alexa ou en utilisant votre voix. Vous pouvez également créer des listes personnalisées et y ajouter des éléments ou accéder à vos listes Amazon Alexa à l'aide d'applications tierces telles que AnyList, Any.do et Todoist.

Pour créer une liste personnalisée à l'aide de l'application Alexa, appuyez sur l'icône **Menu** et sélectionnez **Listes**. Sélectionnez **Créer une liste** et tapez un nom pour votre liste. Appuyez sur l'icône **Ajouter** (+) ou appuyez sur le bouton Entrée de votre clavier mobile pour créer votre liste. Vous pouvez commencer à ajouter des éléments à votre liste immédiatement. Votre liste personnalisée sera listée sous **Mes listes** dans **Listes**.

De la même manière, vous pouvez taper sur l'une des listes par défaut et les éléments qui leur sont associés.

Alternativement, vous pouvez utiliser votre voix pour créer une liste en disant, « Alexa, créez une liste [nom de liste] ». Pour ajouter des éléments à votre liste, vous pouvez dire « Alexa, ajoutez [nom de l'article] à ma liste [shopping / tâches / [nom de la liste personnalisée]] » ou « Alexa, supprimez [nom de l'article] de ma liste [shopping / tâches / [nom de la liste personnalisée]]. »

Plus d'invocations utiles :
Pour supprimer une liste : « Alexa, supprimez [nom ou numéro d'élément] dans mon [nom de liste]. »

Pour savoir ce qui est sur votre liste : « Alexa, ce qu'il y a sur ma liste [shopping / tâches / [nom de la liste personnalisée]]. »

Pour effacer une liste : « Alexa, effacez ma liste [shopping / tâches / [nom de la liste personnalisée]]. »

Pour supprimer un élément d'une liste : « Alexa, supprimez l'élément [#] de mon [nom de liste] » ou « Alexa, cochez l'élément 3 de mon [nom de liste] ».

Pour qu'Alexa lise votre liste de tâches : « Alexa, lisez ma liste de tâches. »

Pour gérer votre liste à l'aide d'un service de liste tiers, accédez à **Paramètres** et appuyez sur **Listes**. Sélectionnez un service de liste dans la liste qui apparaît et **Activer pour utiliser** la compétence. Suivez la procédure pour configurer le service. Pour désactiver la compétence, revenez à **Listes** sous **Paramètres**, appuyez dessus et **Désactiver** la compétence.

13 Achats vocaux avec Amazon Alexa

Les achats avec Alexa à l'aide des appareils Amazon Echo prennent un tout nouveau niveau. Heureusement et malheureusement, vous devrez être sur Amazon Prime pour pouvoir faire des achats en utilisant Alexa.

Pour commencer, utilisez le format : « Alexa, achetez [nom du produit] », par exemple « Alexa, commandez Amazon Echo Studio couleur anthracite. » De là, Alexa recherche dans la boutique Amazon et vous indique ce qu'elle a trouvé. Suivez les invites et achetez.

Pour commencer, inscrivez-vous à Amazon Prime et activez votre commande 1-Cliquez.

Configuration d'un code de confirmation pour vos achats

Un code de confirmation est nécessaire lorsque vous avez ajouté un produit à votre panier mais que vous n'en payez pas immédiatement. Pour configurer un code, accédez à **Menu** → **Paramètres** → **compte Alexa** sur votre application Alexa et sélectionnez Achats vocaux. Définissez votre code à 4 chiffres. Avec ce code, après avoir ajouté certains articles à votre panier, Alexa vous demandera si vous les commandez immédiatement où votre code à 4 chiffres serait requis pour effectuer la transaction.

Il se peut que vous n'ayez pas besoin d'un code de confirmation pour effectuer un achat si vous recherchez et achetez le produit immédiatement sans nécessairement l'ajouter au panier. Par exemple, vous pouvez dire, « Alexa, commandez Amazon Echo Dot à partir d'Amazon. » Alexa rechercherait maintenant le produit et retournerait avec une réponse : « Super, j'ai trouvé Amazon Echo Dot, c'est 49,9 $, devrais-je passer une commande pour cela ? » Ensuite, vous pouvez dire « Allez-y » ou « Oui » et votre commande est passée.

Commande plus d'un article du même produit ou de chacun des articles différents

Si vous voulez commander plus d'une pièce d'un article ; cela fonctionnerait mais si vous voulez acheter différents articles en même temps ou en une seule commande, cela ne fonctionnera pas. Vous pouvez donc dire, « Alexa, commander 5 pièces d'Amazon Echo Input » et pas quelque chose comme, « Alexa, commander 2 Amazon Echo Input noir et 1 Amazon Echo Dot 2ème génération. » Les achats vocaux pour différents articles sont effectués séparément ou vous pouvez tout ajouter au panier et passer commande avec votre code de confirmation.

Autres phrases d'invocation / modèle :
Souhaitez-vous commander des articles essentiels à partir d'Amazon ? « Alexa, achète plus de déodorant » ou « Alexa, ré-commande du déodorant. »

Vous voulez rechercher ce qu'il faut acheter ? « Alexa, recherchez [nom de l'article], ou « Alexa, trouvez un [nom du produit] best-seller. »

Vous souhaitez connaître le coût d'un produit ? « Alexa, combien est [nom du produit].

Vous souhaitez suivre vos colis depuis Amazon ? « Alexa, suivez ma commande » ou « Alexa, où sont mes affaires ? »

Vous voulez commander un appareil Alexa ? « Alexa, commandez un [nom de périphérique Alexa], »

Vous voulez construire votre chariot ? Par exemple, « Alexa, ajoutez une souris à mon panier. »

Tu veux commander Lyft pour un tour ? « Alexa, demande à Lyft de faire un tour », où Lyft est une compétence de la compagnie Lyft exploitant des services de taxi. Cela signifie que vous devez tout d'abord l'activer. Tu peux faire de même pour Uber.

Vous avez envie d'acheter une belle chanson tout en l'écoutant sur Amazon ?
« Alexa, achète cette chanson » ou « Alexa, achète cet album. »

Ou trouver une nouvelle musique à acheter ?
« Alexa, acheter de la musique nouvelle par [nom de l'artiste]. »

Voulez-vous acheter une chanson/album à un artiste connu ? « Alexa, achetez [chanson/album] par [nom de l'artiste]. »

Vous voulez connaître les offres d'aujourd'hui ?
« Alexa, quelles sont tes offres ? » ou « Alexa, quelles offres avez-vous ? »

Protéger vos achats vocaux

Cela peut empêcher quelqu'un d'autre d'envoyer une commande vocale à Alexa pour effectuer des achats sans votre consentement. Pour éviter cela, vous pouvez créer un mot de passe qu'Alexa demanderait pour confirmer la demande avant d'effectuer des achats. Pour cela, accédez à **Achats vocaux** dans **Paramètres** à l'aide de l'application. Vous pouvez désactiver complètement cette fonction.

14 Nouvelles et informations avec Alexa

Informations sur les lieux à proximité : Entreprises et restaurants

Obtenez des informations sur les magasins, les restaurants locaux et d'autres entreprises. Il est important que votre adresse dans Paramètres soit correcte et complète, surtout à cet effet. Alexa utilise principalement les informations de Yelp pour répondre à vos demandes.

Pour rechercher des restaurants ou des commerces à proximité :
« Alexa, qui [restaurants / commerces] près de moi »

Pour voir les restaurants et les commerces les mieux notés près de chez vous :

« Alexa, quels [restaurants / commerces] les mieux notés sont proches de moi ? »

Obtenez l'adresse d'un restaurant ou d'une entreprise près de chez vous :
« Alexa, trouvez l'adresse de [restaurants / commerces] près de moi. »

Pour obtenir les numéros de téléphone d'un [restaurant / entreprise] proche de chez vous : « Alexa, trouvez le numéro de téléphone d'un [restaurant/entreprise] proche de moi. »

Pour obtenir leurs heures d'ouverture et de fermeture :
« Alexa, trouve les heures d'un [restaurant / business] proche de moi. »

Orthographe et calculs par Alexa

Amazon Alexa peut passer pour un excellent dictionnaire et calculatrice. Essayez et dites, « Alexa, définissez aquarium », « Alexa, épelez le mot, magnifique » ou « Alexa, convertissez 100 dollars américains en euros. »

Alexa peut aider à cuisiner

Compétences et services de recette : Food Network, Recipedia, My Chef, OurGroceries, Instant Pot, etc.

Format général d'invocation : « Alexa, demandez [compétence de recette] pour [nom de recette] » ou « Alexa, demandez [nom de compétence] ce que je peux faire pour [petit-déjeuner/déjeuner/dîner]. »

Pour activer l'une des compétences, dites simplement : « Alexa, activez [nom de compétence]. »

Météo et circulation

Dans l'application Alexa, définissez vos préférences de trafic pour obtenir des informations sur le trafic dans votre emplacement. Allez dans **Paramètres → Préférences Alexa → Trafic**. Entrez vos adresses de départ et de destination, puis **Enregistrer** les modifications.

Pour demander des informations sur la circulation, dites :

« Alexa, comment va le trafic ? »
« Alexa, comment est le trafic en ce moment ? »
« Alexa, quel est mon trajet ? »

Pour plus d'informations sur la météo dans votre région, vous pouvez dire, « Alexa, quelle est la météo ? » ou « Alexa, il va pleuvoir aujourd'hui ? » « Alexa, comment est le temps ce week-end ? « Alexa, parle-moi de la météo à Londres » ou Alexa, parle-moi de la météo de demain. »

Comment traduire des langues en utilisant Alexa

À l'heure actuelle, vous pouvez traduire entre ces langues en utilisant Alexa : français, espagnol, allemand, japonais, italien, chinois, polonais, hindi, portugais, néerlandais, coréen, danois, norvégien, russe, suédois, turc, roumain, danois, islandais et gallois. Pour essayer, « Alexa, dis au revoir en anglais. »

Questions et réponses avec Alexa

Questions générales

« Alexa, quelle est la population de New York ? »

Calculs

« Alexa, c'est quoi 18 multiplié par 5 ? »

Conversions

« Alexa, combien de kilomètres avons-nous en [#] kilomètres ? »

Vacances

Vous voulez savoir quand les prochaines vacances sont ? « Alexa, quand est la prochaine fête ? »

Tu veux entendre un Limerick des Fêtes ? « Alexa, dis-moi un limerick de vacances. »

Vous voulez en savoir plus sur les vacances ? « Alexa, pourquoi fêtons [nom de fête] ? »

Tu veux poser des questions sur le Père Noël ? « Alexa, quel âge a le Père Noël ? », « Alexa, le Père Noël est-il réel ? » ou « Alexa, où vit le Père Noël ? »

Vous voulez suivre ou savoir où est le Père Noël ? « Alexa, où est le Père Noël ? » Ou « Alexa, trace le Père Noël. »

Tu veux écouter un chant de Noël d'Alexa ? « Alexa, chante une chanson de Noël. »

Tu veux entendre des blagues de vacances ? « Alexa, dis-moi une blague de bonhomme de neige. »

Vous avez besoin idée de films de vacances ? « Alexa, quel est ton film de vacances préféré ? » ou « Alexa, quels sont les meilleurs films de vacances ? »

15 Faites-le vous-même avec Alexa

La compétence WikiHow est venue à Alexa. Il contient de grandes informations sur Do-It-Yourself, la compétence quand il est activé peut répondre à toutes vos questions sur le commentaire/bricolage.

Pour commencer, activez la compétence WikiHow en disant : « Alexa, activez WikiHow ». Ensuite, dites, « Alexa, ouvrez WikiHow. » Notez que la commande Ouvrir WikiHow est similaire à allumer un microphone. En tant que tel, Alexa est prêt pour toute demande.

Pensez à toutes les questions sur le mode d'emploi et demandez WikiHow. Toutes les questions devraient être dans le format : « Alexa, demandez WikiHow comment... » Exemple, « Alexa, demandez WikiHow comment faire cuire rouleau de saucisse. »

16 Surveillance de votre maison avec Alexa Guard

La fonction Alexa Guard est conçue pour surveiller les urgences, puis déclencher une alerte intelligente sur un téléphone mobile connecté. Alexa Guard écoute les alarmes ou les bris de verre dans la maison, puis déclenche une alerte. Cette alerte peut contenir un flux audio de l'incident en fonction de la nature de l'appareil Amazon Echo que vous utilisez.

Alexa Guard peut déclencher la fonction Drop In pour l'enregistrement en direct. Il peut également déclencher vos ampoules intelligentes pour allumer et éteindre pour qu'elles apparaissent comme s'il y avait quelqu'un dans la maison.

Pour commencer à utiliser Alexa Guard, depuis l'application Alexa, appuyez sur **Menu > Paramètres > Garde > Configurer Guard > Ajouter**—pour écouter l'alarme de fumée intelligente >

Ajouter—pour écouter le son de verre cassé > Ajouter—pour allumer vos ampoules intelligentes de temps en temps > Entrez le code postal > Confirmer. Félicitations ! Tu viens d'installer Alexa Guard chez toi.

Pour faire travailler Alexa Guard, dites simplement : « Alexa, je pars. »

17 Méditation consciente avec Alexa

Tu veux faire des méditations ? Eh bien, Alexa peut vous aider avec cela en utilisant la compétence Headspace. Tout ce que vous avez à faire est de lier votre compte Headspace à Alexa ; vous pouvez commencer à profiter de méditations gratuites sur une base quotidienne, ainsi que de la musique apaisante et dormir seul.

Conseil : Avoir un abonnement payant vous permet d'accéder à tout ce que Headspace a à offrir. Méditation avec Headspace travaille aux États-Unis, au Royaume-Uni, en Inde, au Canada et en Australie.

Pour commencer, disons « Alexa, ouvrez Headspace » pour activer la compétence

Headspace. Suivez les instructions à l'écran pour lier votre compte Headspace.

Conseil : Préparez vos informations de connexion Headspace.

Vous pouvez également ouvrir votre application Alexa, appuyez sur Menu, puis sur Compétences. Recherchez et activez l'espace de tête.

Une fois prêt pour la méditation, dites : « Alexa, je suis prêt [à méditer/pour le lit] »

Printed in Great Britain
by Amazon